餐飲採購學

管理、實務與成本控制

Purchasing Management, Practice and Cost Control for the Hospitality Industry

蘇芳基 / 著

序

　　現代餐飲採購是一種「藝術」也是一門動態的實用管理科學。它是餐飲企業營運成本控制之始，同時也是確保餐飲服務品質、降低成本創造利潤，提升餐飲企業市場競爭力的一種高度專業化的管理科學。因此，現代企業均十分重視採購管理，並將它視為成本控制極為重要的一環。

　　鑑於此，本書的編輯理念與架構乃以現代餐飲採購管理、餐飲採購實務以及餐飲物料管理與成本控制等三大主軸，作為本書論述編輯的重點，以深入淺出，循序漸進的方式，將全書分為三篇十八章，予以逐加詳述。此外，為協助讀者建立正確餐飲採購管理與成本控制理念，特別將每章教材重點列在單元學習目標外，尚備有學習評量，期以收精熟學習之效。

　　本書原係作者為省教育廳即今日教育部中部辦公室所編輯的「採購學」試用教材，其間歷經多年試教、修訂後再編著而成，付梓迄今已歷三十餘寒暑，承蒙社會各界厚愛，並廣為沿用作為教材，無任感銘。今為配合時下餐飲教學之需，乃將拙編《餐旅採購與成本控制》予以整編，並增列餐飲採購安全衛生管理及新鮮水果選購秘笈等章節，藉以協助讀者順利步入此餐飲採購學術研究之門。

　　本書得以付梓，首先要感謝揚智文化事業葉總經理忠賢先生的熱心支持，總編輯閻富萍小姐與編輯團隊的辛勞付出，以及公司全體工作夥伴之協助，特此申謝。本書雖然嚴謹校正，力求完善，唯餐飲採購涉及領域極廣，若有疏漏欠妥之處，尚祈先進賢達不吝賜教指正，俾供日後再版修訂之參考。

蘇芳基 謹識
2019年4月

目　錄

Part 1

餐飲採購管理

Chapter

1

現代餐飲採購的基本概念

單元學習目標

- 瞭解現代餐飲採購的基本概念
- 瞭解現代餐飲採購研究的目的
- 瞭解採購管理的任務
- 瞭解採購管理的流程與步驟
- 瞭解餐飲採購政策訂定的考量因素
- 培養正確餐飲採購管理的能力

　　餐飲採購（Purchasing for the Food & Beverage Industry）係一種藝術，也是一種高度專業化的學問，為現代餐飲管理極重要的一環。它是餐飲成本控制之始，也是餐飲企業生命之源泉。

　　餐飲採購並非僅是狹義的進貨、補貨之工作，它與物料管理、倉儲作業以及生產銷售服務均息息相關。如何確保餐飲企業繁雜之產品組合所需物料、設備、勞務，能適時、適質、適量、適價的全套齊全供應，委實是項極為艱鉅之繁瑣工作，若缺乏完善採購管理專業知能，難以竟功，由此可見現代餐飲採購管理的重要。

🍎 第一節　餐飲採購的意義

　　採購是餐飲營運作業之始，餐廳的備餐與供食服務均需仰賴物料之取得，唯有良好品質之物料，才能使餐廳發揮其本身之功能與特色，否則即使廚師手藝再精巧，若無良好的採購來搭配，也將難以發揮其才華，蓋「巧婦難為無米之炊」。由此可見，餐飲採購工作良窳與否，對於餐飲企業營運成敗之影響甚鉅。

一、餐飲採購的定義

　　指餐飲企業依據其既定的營運目標及銷售計畫，對於營運所需購置之物料、設備或勞務（圖1-1），經由市場調查分析研究，選定貨源及其供應商，並確保所需物資或勞務能如期交貨驗收，以利餐飲銷售服務之需，此系列程序與步驟稱之為餐飲採購。易言之，餐飲採購並非僅是一種單獨的採購行為，而是一種系列科學化採購管理程序。

二、現代餐飲採購管理研究之目的

　　茲將現代餐飲採購管理研究之目的分述於後：

(一)提供最新、最正確的採購資料

　　現代餐飲採購管理研究之目的，乃在於蒐集餐飲同業間之採購技術與

圖1-1　餐飲企業所需物料、設備及勞務的採購，須能符合營運之需

方法，並運用資訊科技如網際網路去蒐集最新採購資料，以提供餐飲採購有關人員研究參考。

(二)培養餐飲採購專業人才，賦予權責

為使餐飲採購工作能發揮預期功能，現代化經營之餐飲業均十分重視餐飲採購研究，積極培植專業採購人才，賦予明確權責，以推動標準化採購作業。

(三)建立健全採購機構，釐訂標準採購作業

現代餐飲採購管理研究主要目的，乃在建立一有效率之採購組織，依其本身採購政策來訂定採購計畫與標準採購作業方法，並提供採購專業常識與市場情報，使其發揮最高組織功能。

(四)研究採購技巧，提高採購效率

根據美國艾福特（Alford, L. P.）調查，全美國食品加工採購支出占其總成本約90％，而我國目前餐飲業之直接成本約占總成本40％，可見餐飲物料採購之技巧、效率及成本控制相當重要。因此餐飲採購研究之另一主

圖1-2　餐飲物料要能適時、適量、適質、適價的供應

要目的，是在研究採購技巧、提高採購效率、降低直接成本，以維護餐飲業之利潤，提升企業本身的市場競爭力。

(五)確保採購物料適時、適量、適質及適價供應

　　餐飲採購作業乃根據業者本身之營運需求與銷售政策而訂，如果採購作業有瑕疵，不但會影響生產與服務品質，更會影響到餐飲成本與利潤。如何確保餐飲企業所需物料能適時、適量、適質及適價的供應（**圖1-2**），此乃採購人員的主要職責，也是採購管理研究之目的。

🍎 第二節　餐飲採購管理的任務

　　採購、生產、銷售此三者表面上看起來是各自獨立作業，事實上三者間之關係息息相關且密不可分，可謂「三位一體」。因為任何餐飲採購計畫，均根據業者本身之銷售政策而定，再將採購的物品原料經驗收、儲存、發放程序，經由廚房烹調加工製成產品來銷售，此為餐飲採購作業的整個循環順序。任何採購環節之缺失均會影響成本與利潤之追求，所以現代餐飲業均十分重視採購管理，並奉為餐飲管理不二法門。茲將餐飲採購管理的主要任務，分述於後：

一、擬定採購政策與採購計畫

採購管理部門之主要職責，乃根據餐飲業者本身之特性，衡量內外環境與市場狀況釐訂餐飲採購政策，提供最高決策當局參考選擇。一般所謂「採購政策」，係指餐飲採購組織、採購制度、採購策略及採購方針等，如物品之採購究竟採用集中採購或分類採購。

至於餐廳的採購計畫，係根據餐飲業本身之銷售量、庫存量及轉用量等資料來加以編制，然後再據此採購計畫來編訂餐廳採購預算（Purchase Budget）。一般而言，餐廳各部門均根據其廚房用料情形與庫存量來編訂購料預算（**圖1-3**），同時再參酌銷售進度、可用存量及資金來編訂採購計畫及預算，以配合餐飲銷售需要。

二、市場調查、分析並掌握最新資訊

採購部門另一主要任務是從事採購市場之調查，蒐集各項市場情報，並加以分析研判，以供管理當局決策參考。市場調查之目的，在於瞭解物料供應來源、價格、品質，並確實掌握有利商情資料，以供採購計畫之研擬。

此類商品貨源資訊可自農委會或農漁牧產業機構所發行的期刊或產品介紹來獲取。例如農委會發行的CAS優良食品專刊、養殖漁業協會所發行的養殖漁業專刊，還有各類食品加工業協會所發表的定期刊物等，均是採購人員

圖1-3　餐廳根據廚房用料及庫存量來編訂採購預算

必須經常留意的訊息來源。此外,國內外經常舉辦的國際旅展、美食展、食品工業展,均可作為採購市場資訊的參考,藉以獲取所需最新資訊。

三、掌握庫存量,避免物料短缺或資金積壓

為確保餐飲企業所需物料能維持適當的庫存量(**圖1-4**),以免因物料短缺而影響餐飲業生產與銷售。因此餐飲採購人員若未事先考量餐廳之生產銷售能力與庫存量多寡卻大量進貨,不僅造成營運資金之積壓、利息之損失,更容易導致物料因久藏而變質或有失竊之損失。

四、品質之維護與價格釐訂

餐飲採購人員對於各項購料之品質與用途均須充分瞭解,才能依企業本身需要且配合市場供應情形,提供新貨源及代用品之建議。

至於價格方面,採購貨物之價格會影響產品成本,因此必須蒐集市面上有關之商情資料,研究降低成本方案,以檢討釐訂價格之方法。此外,還須注意價值之分析。所謂「價值」,係根據物料之品質、功能、價格三者衡量而得;吾人可以下列公式來判斷物料價值之高低:

圖1-4　採購管理最重要的任務是確保適當的庫存量以利餐廳
　　　　營運

採購5R原則

1.適料（Right Material）：適當規格的物料。

2.適質（Right Quality）：適當品質的物料。

3.適量（Right Quantity）：適當的所需數量。

4.適價（Right Price）：適當的合理價格。

5.適時（Right Time）：適當所需時間交貨。

採購5R若再加上適當的供應商（Right Vendor），此為採購管理的原則與精神。

$$價值（Value）= \frac{品質（Quality）}{價格（Price）}$$

五、選擇理想供應商

為確保物料之品質與供應來源，採購部門必須特別注意選擇理想的物料供應商。選擇理想供應商除了要瞭解該廠商之廠房設備、生產能力、財務狀況，尚須確認是否為殷實且具企業道德的合法廠商。例如：市面上的黑心米、黑心油等竟是出自擁有合法認證的GMP廠商，由於欠缺企業道德而欺騙社會，危害消費者之健康。

六、決定採購數量與時機

現代化餐飲企業，其物料採購數量之多寡，完全依據其本身銷售量、存貨週轉率、交貨時間、物料市場狀況、資金預算及倉儲能力而釐訂（圖1-5）。至於採購之適當時機，則視該項物料之性質、價值、需要量、交貨時間、價格折讓、季節及本身財力來作決定。

圖1-5　餐飲物料或設備的採購，其數量須依本身銷售需
　　　求及資金預算等因素來決定

七、研擬妥適採購方法，提升優勢競爭力

採購的方法很多，一般而言，有市場採購、期貨交易、議購、訂購、報價採購、詢價採購、招標採購、比價採購、定價採購、牌價採購、契作採購及網路採購等多種，不過以報價、議價、比價、招標及市場採購等五種方法最常為人所採用，唯網路及契作採購方式近年來逐漸受重視。

上述任何採購方法並無好壞之分，只在於運用上是否能靈活方便而已。餐飲採購最重要的是務使每花一分錢均有其價值，至少要享有與其他同業同等的進貨價格與售後服務，如此才能提升本身的競爭力。

八、交貨與驗收

採購的最終目的，乃在依時限如期得到所需之物料與設備，因此對於交貨日期、交貨方式、包裝方法等等均須加以研究，同時須注意防範延期交貨所造成之損失，並研擬防止對策。

驗收時，通常廠商送貨員均會附上發貨單，此時驗收人員應先確定發貨單與公司原採購單所記載之品名、數量、重量與規格是否相符合，確認無誤始可驗收簽單，並負責將貨品直接送到倉庫儲存或發貨到使用單位備用。

第三節 餐飲採購管理的流程

現代化的餐飲業在進行餐飲採購作業時，均格外謹慎小心，對於整個採購工作流程中的每一環節，甚至每一步驟，均嚴加管制而不敢掉以輕心，期以最經濟有效的採購方法，達到最高品質的採購目標。茲就現代餐飲採購管理的流程，分別介紹如後：

一、確定採購政策與目標

現代餐飲業均會根據其本身營業特性及銷售之需要，再考量本身資金、庫存量、市場動態等因素來作整體性通盤考量，分析利弊，以擬定採購政策，決定採購目標。然後根據餐飲採購目標來訂定各種採購標準作業，據以實施採購目標管理。

二、擬定採購計畫與預算

所謂「餐飲採購計畫」，係指餐飲業根據企業本身銷售政策、生產政策及採購政策而擬定的採購作業工作計畫。至於採購預算之編列乃端視各部門銷售營運情形、生產用料進度、可用庫存量，以及採購數量與價格來決定。因此新創業的餐飲業，可藉預估營業額之百分比來編列，例如餐飲業可列45%作為採購物料預算。

三、市場調查與分析

餐飲採購計畫擬定之後，採購部門人員即針對採購計畫之內容來進行採購市場調查，藉以蒐集擬採購物料的最新商情資訊。例如所需採購物料來源、品質、價格、數量、採購時機、採購方法與交貨方式等相關資料，均須詳加蒐集調查分析，以供採購計畫執行或修訂之參考。

四、研訂採購作業程序

所謂「採購作業程序」，係指餐飲業者執行餐飲採購計畫的實際工作

行動準則。餐飲業者為確保其採購物料能適時、適質、適價與適量的正確供應，通常均訂有標準貨品採購流程，其步驟為先填寫請購單（**表1-1**），待核准後再決定採購方法、廠商報價、決定廠商、訂購簽約、催貨管制，最後再由採購部門會同相關單位人員共同驗收，驗畢即分類登帳入庫及付款。餐飲採購作業程序如**圖1-6**所示。

五、確定採購作業時程

所謂「採購作業時程」，係指餐飲企業依採購作業程序中各項內容，就完成工作項目所需時間而排定的作業時間表。此作業時程可作為採購部

表1-1　請購單

揚智餐飲企業公司請購單						
編號：＿＿＿＿＿＿＿＿＿＿＿　　　　　請購日期：＿＿＿＿＿＿＿＿＿						
單位：＿＿＿＿＿＿＿＿＿＿＿　　　　　交貨日期：＿＿＿＿＿＿＿＿＿						
編號	品名規格	數量	單位	單價	金額	備註
總計						
總經理：　　　　經理：　　　　　部門主管：　　　　　承辦員：						

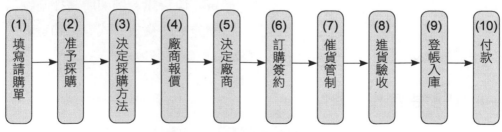

圖1-6　餐飲採購作業程序

門員工工作進度表，以確保採購物料能適時供應掌握時效，此外，也可作為員工工作績效考核之參考。

六、管制與評鑑

採購作業執行過程中任何一項環節均須追蹤管制，並隨時建立資料記錄備查。在工作執行過程中，應隨時留意採購市場及內外環境之變動，不可故步自封，管理人員應隨時注意研究改進作業方法，期以最經濟有效的方法達到最高品質的採購服務。

第四節　餐飲採購政策

餐飲業所需之物品甚多，其品名項目種類甚雜，性質亦異，因此餐飲業在採購時，均會依其本身營運方針及銷售需要而作全盤性、整體性之考量，即所謂「採購政策」，也是餐飲業採購物料之作業策略與方式。

一、外購與自製政策

有些餐廳對於其所需之部分食品或物料，如麵包、蛋糕、餐點等究竟是向外購置，還是自己生產製作合算，往往有不同看法與爭議。事實上外購與自製各有其利弊得失，有些大規模之餐廳雖然擁有自己的衛星相關企業，但有時仍須向外採購部分物料或食品。吾人可分別由外購物料之品質、效益、成本等三方面與自製產品比較，以便餐飲採購政策的選定（圖1-7）。此外，即使自己的衛星企業營運十分健全，但對於餐飲銷售必備重要物料如魚、肉、蔬果，仍需要留意外購市場之狀況，以防自己的衛星企業萬一發生意外或缺貨時，立即可透過外購來紓困。

通常餐飲業所需食品、物料究竟採外購或自製，完全端視成本、數量、品質、人工、技術等五大因素來考量。自製政策一經決定絕對不可任意中途變更，因為此時大筆設備資金已投資下去，且員工已聘僱妥，不可輕言作罷。茲將餐飲業物料外購或自製所需考量的五大因素分述於後：

**圖1-7　餐飲業營運所需的西點麵包或蛋糕可依其品質、
效益及成本等因素來評估決定外購或自製**

(一)成本

　　餐飲業所需物料究竟應自給自足還是外購，其決定因素固然很多，
但最重要首推成本因素。自給自足方式首先要考慮所耗費之成本及利潤
問題。自製成本須包括人事費用、設備費用及生產量不足所閒置的損失在
內；至於外購成本應將運費、儲存耗損、儲存管理費用包含在內，再相互
作一比較，如何者成本較低、利潤較高，然後再作選擇。

(二)數量

　　在數量方面，要考慮到餐飲企業各部門對該項物料或食品之需求量多
寡，如果對該物資每日需求量甚龐大且屬經常性之消耗，則可考慮自製方
式，否則還是以外購為宜。

(三)品質

　　分析外購食品原料之品質是否符合企業營運之需求、外購品質是否比
自製品質要好。

(四)人工

餐飲業食品原料若是自行生產製作，是否須增僱員工，是否需要加以特別訓練，員工之管理與人事問題是否有困難，這些問題均應詳加周全考慮。

(五)技術

自製生產操作是否需要特別的專業技術，企業本身是否具備是項產品之自製技術能力，凡此均須事先加以考量。

二、現購、預購與投機性採購

(一)現購

指前往市場現場零星採購而言。此類採購政策之優點，乃可節省倉儲費、降低資金囤積之成本支付。但是其缺點為採購次數及採購費用較多，且無法享受整批大量採購之優待，同時若遭遇貨源缺乏或價格波動則甚為不利。目前大部分中小型餐飲業之採購均以此類採購為主（**圖1-8**）。

圖1-8　市場現場的零星採購

(二)預購

指餐飲採購單依照企業本身貨品存量控制原則來決定預購數量,其優點是採購次數減少,較省事,倉庫存貨量不虞匱乏,且大批採購價錢較便宜,較不易受物價波動之影響,但其缺點為倉儲費用太高,同時採購大批物料進倉,不但造成管理困難,如食物腐敗及員工偷竊,同時易造成資金之閒置與浪費。

(三)投機性採購

指餐飲採購部門根據某特種餐飲備品原料之市場情報,在某季節性或某物料來源有短缺之虞的情況下,在最低廉時趁機大批購進貨品之採購方式,此種採購政策須仰賴正確市場情報與判斷,否則極易遭受嚴重損失,它是各種採購政策中風險最大的一種。

三、合約性採購

所謂「合約」必須在要約(買方)與承諾(賣方)雙方達成一致協議,合約始有效。易言之,買方向賣方發出訂單,其條件、價格為賣方所願意接受時,則合約採購始成立,因此合約性採購必須具備要約與承諾兩大要件始可成立,缺一不可。由於買賣雙方所簽訂交易期間有長短之分,因而有長期合約與短期合約之別。

(一)長期合約

此類合約大多是餐飲業為求掌握主要食品原料或備品之可靠來源,且其價值、數量為數甚龐大,對於買賣雙方均有利,只要交易合約簽妥即可分期、分批裝運供應(**圖1-9**)。長期合約由於期間長,買賣雙方為求合理穩健價格,大部分在此類合約中訂有調整價格之條款,於某特定期間依合約重新訂一次價格,由於此類合約對餐飲業者本身權益影響甚大,因此是項合約之簽訂須由最高決策者,如董事長、總經理來決定。

圖1-9　合約性採購可掌握主要貨源、價格及數量，並可分批
供應

(二)短期合約

指買賣雙方交易條件談妥，合約即告成立。此類合約所採購的物料數量與價值較長期合約少。

四、獨家採購與多家採購

(一)獨家採購

指餐飲業者對於所需之物料，大部分只向一家廠商訂貨而言。其優點是雙方關係密切，能於有利條件下購得所需食品原料，或指導提供其最新生產技術而成為其所屬衛星企業。不過，獨家採購之缺點是無法利用同業競爭關係而獲得較低廉價格，同時若此工廠發生意外，則本身營運必受波及。

(二)多家採購

有些餐飲業採購之方式是將同一物料同時向多家廠商分別採購，或

第一項向甲廠商採購，第二項向乙廠商採購，此類作業即為多家採購的方式。這種採購方式的優點是，可利用同業間競爭之關係，有機會獲得較低廉之價格，而且物料來源充足不虞匱乏中斷；唯缺點是難以獲得獨家採購雙方互惠之有利條件。

五、其他

餐飲業之採購政策，除上述各種採購之外，尚有互惠採購與連帶採購兩種不同之政策：

(一)互惠採購

其主要特性乃在同時發揮採購與銷售之雙重功能，係經由餐飲業者與食品原料供應商，或由第三者雙方直接交換所需之採購策略。

(二)連帶採購

係指餐飲業者對所屬衛星工廠承包本公司之食品、物料，為了要求品質一致，將本身所需原料及衛星工廠所需物料，一併列入本身採購範圍再轉發承製，稱之為連帶採購。如大型連鎖餐飲企業之大宗物料採購，均常採用此方式來加強品質之控管。

學習評量

一、解釋名詞

1. 餐飲採購
2. 採購循環
3. 採購政策
4. 投機性採購
5. 合約性採購
6. 連帶採購

二、問答題

1. 現代餐飲採購研究的主要目的為何？試述之。
2. 目前餐飲業的採購計畫與預算，其編訂的作業原則為何？試申述之。
3. 餐飲採購管理的任務有哪些？試列舉其要說明之。
4. 採購物料價值之高低如何加以判斷，你知道嗎？請想一想。
5. 如果你是餐飲採購部主管，你認為理想的供應商必須具備哪些條件？

6. 餐飲採購的方法很多，你認為哪一種最好？為什麼？
7. 現代餐飲採購管理的流程為何？你知道嗎？
8. 如果你現在正在準備創業開一家咖啡廳，你認為店內的蛋糕、西點，該採用外購或自製？為什麼？

Chapter 2

餐飲採購人員應備的基本素養

單元學習目標

- 瞭解餐飲採購人員應備的基本條件
- 瞭解餐飲採購人員應備的專業知能
- 瞭解現代餐飲採購道德
- 瞭解不道德採購的負面衝擊影響
- 培養良好的現代餐飲採購道德

　　餐飲業是生產服務、銷售服務的產業，因此餐飲服務品質的良窳，將是餐飲產業未來營運能否成功的關鍵因素。然而餐飲產品的品質與成本利潤之創造，則有賴全體從業人員之努力與合作，尤其是站在品質與成本控管第一線的優秀餐飲採購人員。因此如何培育優秀餐飲採購人才，委實為現代餐飲產業當務之急。本章將分別針對餐飲採購人員應備的基本條件以及現代餐飲採購道德予以詳加介紹。

第一節　現代餐飲採購人員的基本條件與知能

　　一位優秀稱職之採購人員，除了須具備餐飲採購專業知識外，還必須對其所屬企業絕對忠誠。凡事以公為念，任勞任怨，熱心積極，主動參與採購計畫之擬訂與執行，務使採購作業能達最高經濟效益，合乎法律與公司之需求，此乃採購人員之基本職責。

一、餐飲採購人員應備的基本條件

　　餐飲採購人員應備的要件主要有下列幾項：

(一)身心健康，刻苦耐勞

　　餐飲業之採購工作十分繁重，不但採購物品項目繁雜，且具季節性，市場變化大。餐飲採購人員，尤其是中小型企業之採購人員，經常必須早出晚歸四處奔波，前往市場現場採購。再加上採購物品不是太笨重，就是油膩膩、濕漉漉，魚腥異味就更不用說了，所以採購人員若沒有強健體魄、健康身心，委實難以勝任愉快。

(二)誠懇待人，溝通協調

　　採購人員主要職責乃在使採購作業符合公司各部門之需求，而這些必須仰賴正確溝通與協調，才能建立良好共識，進而滿足各使用單位之需，所以採購人員除了態度誠懇外，尚須具備溝通協調的能力。

(三)操守廉潔，公正無私

採購人員之操守是否廉潔、是否公正不徇私，均會直接影響到公司之信譽與形象。當然採購人員在各種社交活動場合中，可能會有許多供應商朋友，這種人際關係之往來勢必難以避免，但在採購作業處理上應公私分明，與供應商往來不可厚彼薄此，務必避免不正當之影響或徇私之嫌，尤其是對招待、禮物或紅包等特別贈品之處理態度更應審慎，以維護個人清譽與公司形象。

(四)洞察機先，反應靈敏

採購人員本身思慮要周全，反應要敏銳，尤其是對商情之變化，應有洞察機先之能力，而能即時應變處理，才能隨時掌握市場動態（**圖2-1**），減少公司不必要之虧損。

二、餐飲採購人員應備的基本學識

餐飲採購係一項十分艱鉅的工作，採購人員本身必須具備豐富的學識，才能充分運用其專業知能，發揮創造力、想像力，進而有效靈活處理是項繁雜艱辛的業務。

圖2-1　採購人員對於餐飲營運環境須能瞭解市場動態及商情變化

　　現代餐飲採購人員須具備的知識,除了餐飲採購物品之專業知能外,對於會計、統計、國貿、法律,甚至電腦資訊等學識領域均須加以研究。因此,採購人員應不斷經常進修,閱讀貿易、市場行銷等有關期刊雜誌,以及政府與民間相關單位所出版的專刊或研究報告,藉以有效掌握餐飲市場動態,瞭解市場環境供需之發展趨勢,進而據以研訂妥善因應措施作最有利之採購。

三、餐飲採購人員應備的專業技能

　　一位優秀的餐飲採購人員,基本上應具備職場上所需的下列三種專業技能:

(一)技術性技能

　　所謂「技術性技能」(Technical Skill),係指餐飲採購人員須對其所需採購的餐飲產品,有一定程度的瞭解外(圖2-2),更須熟悉餐飲產品的操作及服務技巧,以利餐飲企業各部門能正確操作及運用該產品,期以發揮資源最大的運用效率。

圖2-2　採購人員對所採購的產品,須有相當的認識

(二)人際關係性技能

所謂「人際關係性技能」（Interpersonal Skill），係指餐飲採購人員在職場工作時，與人相處互動的應對進退及溝通協調的能力或技巧。例如：採購人員須面對及協調各請購單位，尚須與供應商或同業保持良好的關係。若欠缺此人際關係溝通的能力與技能，則難以完成其所肩負之責任。

(三)觀念性技能

所謂「觀念性技能」（Conceptual Skill），另稱組織思考能力或概念性技能。例如：邏輯思考分析、整合判斷的決策能力與規劃能力。**表2-1**為現代餐飲採購人員應備基本條件、學識與技能。

表2-1　現代餐飲採購人員應備基本條件、學識與技能

基本條件	基本學識	專業技能
• 身心健康，刻苦耐勞 • 誠懇待人，溝通協調 • 操守廉潔，公正無私 • 洞察機先，反應靈敏	• 餐飲物料專業知識 • 會計統計基本知能 • 國際貿易作業實務 • 一般商業法律常識	• 技術性技能 • 人際關係性技能 • 觀念性技能

第二節　現代餐飲採購道德

商場詭詐眾人皆知，但是商業道德之建立，絕不是買方或賣方單方面所能維護，它必須仰賴買賣雙方彼此以誠信相待，共同努力才得以竟功。

美國採購專家亨瑞芝（Heinritz, S. F.）認為，買賣雙方彼此應立於公平地位，為建立雙方良好關係，買方應誠心的對待供應商，同時對廠商之報價、設計技術專利應予以保密；與廠商來往不可厚彼薄此，應一視同仁，平等對待之。此外，買方本身應積極提高採購作業水準，培養優秀採購人員，以樹立優良採購制度，藉以建立良好採購道德。

一、現代餐飲採購道德

目前部分餐飲採購人員素質參差不齊，欠缺責任感與榮譽感，因此如何建立現代餐飲採購之倫理道德，實為當務之急。茲將現代餐飲採購人員應遵守之採購道德分述於後：

(一)以公司利益為先，以整體利益為重

餐飲採購人員在進行採購工作時，首先必須考慮其所屬公司企業之利益（**圖2-3**），信守公司採購政策，並嚴格確實執行，不可因私利而泯滅良知，欺上矇下。

(二)廣博眾議，擇善而固執

採購人員在進行採購作業時，應有寬厚之雅量與胸襟，虛懷若谷地接受他人善意的建議與指導，但必須擇善而固執，不可損傷本身的立場與責任。

圖2-3　餐飲設備、器皿等物料的採購須以公司整體利益為考量

(三)公正無私之採購，一切講究採購效益

採購人員進行採購工作時，不可徇私，一切秉公處理，務使每項採購支出均能獲得最高經濟效益。

(四)充實採購專業知識，提升採購實務能力

採購人員若想做好採購工作，必須要有豐富的餐飲專業知識及採購技巧，同時對市場情報及訊息更要不斷蒐集，不斷研閱政府相關單位所出版的農漁牧產品專刊，如CAS優良食品專刊與有關商情網站及報章雜誌，或參觀食品展、美食展，以確實掌握貨源與市場價格（**圖2-4**）。

(五)消弭買辦觀念與不道德採購

採購人員須堅守自己的職責，以忠誠之心去執行採購工作，堅拒任何廠商之賄賂與邀宴，以一種公平公正超然之態度任事，並勇於揭發商場弊端。

圖2-4　參觀美食展提升採購實務能力

(六)加強與同業間聯繫，謀求與同業間之合作

採購工作之性質，其本身是一種動態的工作，與外界關係十分密切，須經常參與當地社會團體活動，如同業工會、聯誼會、俱樂部等等，以加強與外界及同業之合作，並建立良好的公共關係。

二、不道德採購

維護商業倫理確立企業道德，此乃二十一世紀現代工商業社會最迫切有待解決之課題。美國採購專家亨瑞芝認為，買方不道德採購，與賣方廠商劣品混交等禍害，足以等量齊觀。茲將不道德採購摘述如下：

(一)誇張採購數量，獲取利益

一般民間零星買賣，最常見此類不道德採購方式，如採購交易僅有一次，但買主詭稱是經常性的長期採購，而售方信以為真，故價格特廉。事實上買方購量極少，以致供應商失去賺取「數量上的利潤」。

(二)訛傳行情，詭計殺價

有些買方故意以劣質品或滯銷品之價格，當作「價格情報資料」，訛傳行情，以打擊真正的市價，再對售方殺價。另一種即施出詭計，故意將競爭者之報價單洩密，使售方誤信自己售價太高，存心引人落陷阱。

(三)矇蔽袒護策略

採購者事先與甲廠商私下談妥條件，待定期公開比價時，獲知丙廠商價格，即暗地裡趁人不備拿出甲廠商之報價單，迅速填下較丙廠商低之價格，以矇蔽方式使甲廠商獲得決標權利。

(四)標單條款苛刻

故意將招標條款訂得苛刻，表面上公開競標，實際上並無購買誠意，使參與投標之廠商，感到受騙、被利用及有未受尊重之感。

(五)故意刁難延誤

生意談成，不立即訂約、付款；或驗貨時故意刁難、挑剔，致使賣方平白遭受損失。

為防範上述採購弊端，餐飲採購作業須建立一套管理流程，並須避免採購、驗收、付款均同一人。

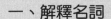 學習評量

一、解釋名詞

1. 採購道德
2. CAS
3. 不道德採購

二、問答題

1. 餐飲採購人員應備的基本條件有哪些？試述之。
2. 現代餐飲採購人員應備的知識有哪些？請列舉之。
3. 餐飲採購所需的市場資訊來源有哪些地方？試述之。
4. 何謂現代餐飲採購道德？試申述之。
5. 如何消弭現代工商業不道德採購弊端？試申述己見。

Chapter

3

餐飲採購部的組織系統

單元學習目標

- 瞭解餐飲企業採購部的主要職責
- 瞭解大型餐飲企業採購部的組織與職掌
- 瞭解中小型餐飲業採購部組織的特性
- 瞭解餐飲業採購部門與餐廳廚房的關係
- 瞭解採購部與倉儲、財務、品管等各部門的相互關係
- 培養良好溝通協調的能力

　　餐飲業是提供顧客餐飲、社交、聯誼、休閒與娛樂的服務業，其所需之食品、飲料、用具、器皿、設備之種類繁雜且消耗量大，因此要不斷定期與不定期採購，為使這些採購物料能適合各單位使用，且價格合理、品質良好，實非賴有效之採購，否則無法竟功。本章特別將各不同類型之餐飲採購組織型態逐節介紹。

第一節　餐飲採購部的職責

　　採購部門之主要職責是如何以最適當合理的價格去購買最佳品質之物料，並使這些物品能達到即時供應之要求。

一、從事市場調查，選擇理想供應商

　　現代餐飲業所需之物料有些是國產品，有些需購自國外，由於品名、種類繁雜，價格品質互異，如何去尋找理想供應商實非易事，此外為防範貨源中斷與確保品質，務必不斷注意開發及尋找替代品及新產品。

二、研判商情，瞭解物價

　　採購部須時時注意市場調查，瞭解市場供需情況，研析物價之波動，瞭解價格趨勢。此外，須加強與同業間聯繫，藉以相互交換商業情報。

三、採購條件與採購合約之簽訂

　　採購部門從各種商業情報中瞭解物料供應來源之後，即開始徵求供應商之報價，從這些不同的報價單中，詳加審查分析以決定採購對象，並製發訂購單，研擬採購合約與條件（**表3-1**）。

四、確保貨源即時供應與服務

　　採購合約簽訂之後，採購部門須不斷與供應商保持聯繫，確保所訂購之物料能如期交貨，並能得到即時又完善之售後服務（**圖3-1**）。

表3-1 訂購單

揚智餐飲企業公司訂購單		

單位：_____   編號：_____

廠商編號：_____   ABC咖啡烘焙公司

手機：_____   E-mail：_____

電話：_____   網址：_____

傳真：_____   地址：_____

請依下列貨品如期交貨
付款條件：_____   交貨日期：_____

編號	品名規格	數量	單位	單價	金額	備註
總計			未稅			
			稅額			
			含稅			

採購經理：_____

圖3-1　採購合約簽訂後須確保所訂購的物料、設備能如期交貨

五、採購物料驗收的查證與供應商售貨發票之處理

採購部門針對廠商所送交之訂購物品，於驗收時須加以查證是否合乎要求，並決定是否拒收退回，予以適當調整，如果一切合乎訂購條件，再依規定將廠商所開發票審查處理。

六、下腳呆料之處理

採購部門除了採購新物料外，對於企業各部門報廢物品及呆料須作有效的處理，如重新修整加工轉讓其他部門使用或標售。

七、採購單據憑證之處理

採購作業所需之單據，如請購單、訂購單、採購合約、送貨單、領物單、物品耗損報告等等文件資料，須詳加整理並建檔保存、列表統計分析，以供餐飲成本控制及採購作業之需。

八、採購預算之編制與價值分析

採購部門須對各有關部門之採購品編製一份採購預算，供決策單位參考，並對各項餐飲採購成本、售價進行分析研究，期以降低物料成本，並維持一定利潤。

第二節　餐飲採購部的組織

採購部門在整個餐飲業中所占之地位高低，端視企業本身營業性質、規模大小、採購方式及採購功能而定。小規模之餐飲業大部分無獨立採購部門，一般由老闆指派主廚或專人採購，或由老闆本人兼辦採購而已，但是大規模之餐飲業如觀光旅館之餐廳、連鎖性餐廳等，均設有專責單位來執行有關採購事宜。至於採購組織型態，由於每家餐廳之規模大小不一，因此其採購部門之內部組織結構也不盡相同。

一、大型餐飲業採購部組織

大型餐飲業採購部設採購經理及副理各一名，負責督導整個企業之採購作業，其下設有採購科（Buying Division）、庶務科（Clerical Division）及運輸科（Traffic Division）（**圖3-2**）。為求有效推動各單位之業務，餐飲業者可依其本身性質，將上述各單位之職能再予以調整，茲分述如下：

(一)採購科

◆ **主要職責**

選擇適當理想供應商，研議適當採購方式與條件，以從事餐飲原料、物料、設備及手工具之採購。

◆ **工作區分**

1.物料組：負責餐廳營運所需之生鮮食品、各種乾貨、調味品及蔬果等之採購事項。

2.備品組：負責餐廳營運所需之各種文具、紙張、清潔器皿、日常用

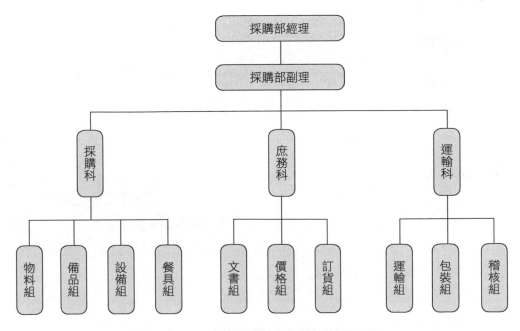

圖3-2　大型餐飲業採購部組織系統圖

圖3-3　餐飲營運設備的採購為設備組的職責　　　圖3-4　餐廳生財器具

品及布巾等之採購工作。

3.設備組：負責餐廳各種營運設備，如餐飲設備、餐廳桌椅等之採購（圖3-3）。

4.餐具組：負責餐廳營運所需之刀叉、杯皿等生財器具之採購（圖3-4）。

(二)庶務科

◆主要職責

負責各項採購單據、統計報告之繕寫製定，採購價格之分析與調查、發票憑證之處理，以及訂貨有關事宜。

◆工作區分

1.文書組：負責採購部之公文、報表，以及招標標單等文件之處理。

2.價格組：負責市場價格之調查，以及有關採購價格之議定。

3.訂貨組：負責依照採購政策來從事採購品之訂購，並負責與廠商保持密切聯繫，以利掌握貨源。

(三)運輸科

◆主要職責

運輸科主要之職責為洽商採購品交貨方式、運送費率、包裝方式、延期交貨之索賠與督導。

◆工作區分

1.運輸組：負責採購物品交貨托運方式、費率計算等工作。
2.包裝組：負責採購物品交貨包裝及運送方式。
3.稽核組：負責訂購物品之追蹤、索賠及廠商聯繫事宜。

二、中型餐飲業採購部組織

中型餐飲業採購部設經理及主任各一名，負責督導整個企業之採購業務，其下設有物料組、備品組、設備組、餐具組及文書組等五組（**圖 3-5**）。中型餐飲業採購部與大型連鎖餐飲業採購部最大不同點，乃將運輸科、庶務科取消，並將其業務全部移轉至採購科所屬五組來承辦，藉以精簡人力成本。

三、小型餐飲業採購部組織

小型餐飲業由於銷售量不大，為精簡人事費用與勞務成本，很少獨立

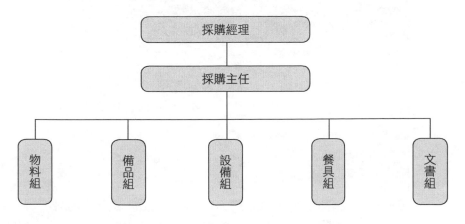

圖3-5　中型餐飲業採購部組織系統圖

設置採購單位。此類型企業之採購工作大部分是由老闆指派專人如主廚負責採購工作,但也有些餐飲業是由老闆本人兼採購。此類型採購方式在國內小型餐飲業所占比例最高,為一種簡單型組織。

 ## 第三節　餐飲採購部與其他部門之關係

採購部門在現代化企業經營之餐飲業漸受重視,而採購部門若想發揮最大功能,則必須與企業其他部門經常保持密切聯繫與合作,以提升高品質銷售與服務。

一、採購部與廚房之關係

1.採購部必須經常與廚房人員聯繫,藉以瞭解廚房所需物料種類與品質(**圖3-6**),根據主廚所開列之魚、肉、蔬果以及各式乾貨來進行採購。

2.採購數量之多寡,須根據廚房用料預算及庫存量來決定,因此必須與其聯繫,才能決定適當採購數量。

圖3-6　採購部須經常與廚房人員聯繫,以瞭解所需物料與品質

3.有關採購對象、供應商選擇乃採購部門之權責，但是廚房可提供適切意見以供參考。

4.採購物品交貨時間，以不影響廚房作業為原則，且務必與廚房用料時間密切配合。

二、採購部與餐廳部之關係

1.採購部必須與餐廳主管人員經常聯繫，藉以瞭解所購置之物料、食品是否合乎客人口味，品質是否令顧客滿意（圖3-7）。

2.採購部須根據餐廳主管所需物品之規格、用途、品質、數量以及交貨時間來進行採購。

3.必要時得請餐廳經理提供正確情報供參考，以利採購工作之進行。

三、採購部與餐務部之關係

1.採購部須與餐務部主管聯繫，瞭解餐務部所需物料如刀、叉、餐具、烹調器具，以及各式器皿設備之名稱、用途、規格，以利爾後採購工作之進行。

圖3-7　採購部與餐廳部應經常聯繫，以瞭解品質是否令顧客滿意

2.根據餐務部之申購要求，選擇適當廠商提供適用物料。

3.採購部可隨時提供新式產品、用料、規格、價目等資料供餐務部參考，以建立標準化作業，提升服務品質。

四、採購部與宴會部之關係

1.採購部須與宴會部經常聯繫，藉以瞭解餐廳之訂席狀況，以便決定購料品名、數量及交貨時間，以應營運之需（圖3-8）。

2.採購部門應協助宴會部蒐集其他餐廳之銷售策略與情報以供宴會部參考，並可估計材料成本，研討售價。

3.採購部門由於辦理購料關係，商情蒐集較易，可隨時提供一些最新產品及其規格、價格等建設性意見供宴會部參考。

五、採購部與財務部之關係

1.採購部必須與財務部、會計部相互保持聯繫，務使採購預算之編列符合公司營運需求。

2.採購部對於採購價款之支付方式與進貨帳目之登錄，必須事先磋

圖3-8　採購部須與宴會部經常聯繫，以瞭解所需採購物料的品名、數量

商，並共同研擬加強物料稽核管制之方法，以確實掌握公司之財務動態。

六、採購部與倉儲單位之關係

1.倉儲單位應隨時將最新庫存量記錄表通知採購部，同時採購部也必須將物料採購之情形以及進貨時間、進貨數量，通知倉儲部門。
2.進貨驗收結果不論合格與否，須立即知會採購單位，以便即時處理。
3.採購部必須與倉儲單位共同處理倉庫中之呆料與廢料。

七、採購部與品管部之關係

1.採購人員所購置之物料，若要達到理想標準品質，有賴與品管單位密切聯繫，一方面可學品管方法，另一方面可增進對物料品質之進一步認識。
2.品管部若發現所購進物品規格、品質不符，應即通知採購部處理。

八、採購部與人事單位之關係

採購部之組織編組、人員任用考核、人員訓練與培植，均須會同人事單位共同研議處理。

學習評量

一、解釋名詞

1. Buying Division
2. Traffic Division

二、問答題

1. 餐飲採購部門的主要工作職責有哪些？試述之。
2. 餐飲採購常見的採購單據憑證有哪些？請列舉之。
3. 物料組與備品組之工作內容為何？試述之。
4. 現代餐飲業採購部的組織型態有哪幾種？其中以哪些類型最為常見？
5. 採購部與廚房之關係如何？試述之。

Chapter

4

餐飲採購管理作業

單元學習目標

- 瞭解採購市場調查的內容及方法
- 瞭解採購預算編製的原則與方法
- 瞭解物料價值ABC分析法的意義
- 瞭解採購品質管理的基本概念
- 瞭解各種物料存量控制法之運用技巧
- 熟練各種採購量的計算模式
- 瞭解餐飲採購價格決定的方式
- 瞭解餐飲採購物料的通路及理想供應商的選擇
- 培養餐飲採購管理的專業知能

餐飲採購管理工作，首先須做好市場調查工作，期以隨時掌握最新市場動態與商情資訊，始能據以研擬採購政策與計畫，再依既定採購程序確保營運所需之設備、物料，期以最小的成本投入，獲取最大的產出效益，此乃採購管理之真諦。

🍎 第一節　餐飲採購市場調查

餐飲採購市場調查的主要目的，乃在獲取最新物料產品資訊，確保企業所需之食物、原料、設備，能夠以最低價格適時、適量、適質的購入以應營運所需，並使生產成本能儘量降低，所以採購市場調查即成為餐飲經營者追求更大利潤的不二法門。

一、採購市場調查的重要性

1.採購市場調查所得資料情報，可作為餐飲採購政策與計畫檢討、修正之參考。
2.可作為餐飲業庫存量管理之參考。
3.可提升企業在餐飲市場之競爭力與占有率。
4.可瞭解物料供應商目前的經營狀況。
5.可獲取最新市場產品訊息，強化既有的市場。

二、採購市場調查的內容

採購市場調查的主要內容有下列七項：

(一)品名種類

究竟採購何種物料？是自製還是外購？市場品牌有多少？是否有其他替代品可用，其適用性及功能如何？這些都是調查的內容。

(二)品質規格

需購買何種品質之物品？該物品之規格、品質是否與我們所需要的

圖4-1　餐具採購的品質規格須符合營運需求

相符合？這些都應列入調查，至於物料採購以採用標準化之規格製品為宜（**圖4-1**）。

(三)採購數量

採購數量需考量企業本身銷售量與實際需求量，如係大量採購，則須考慮到倉庫容量、折扣問題與長期合約供應問題，其他如物價波動也應列入考慮。

(四)採購價格

採購價格深受匯率、經濟景氣以及季節變化之影響，尤其是國外物料採購之價格影響更大。例如採購之價格是否包含保險、運費在內，能否以其他各種不同交易條件促使廠商降價，凡此均是市場調查分析的重要內容。

(五)採購時機

採購時機何時較適當？除了考慮季節因素與經濟景氣因素外，尚須注意自採購至交貨期間有多久，尤其是路途遙遠或須先預約才生產的物料更要留意交貨時間。這一點是採購物料作業上極為重要的考量因素，以免因

物料無法如期交貨,造成補給中斷而影響公司本身之營運。

(六)採購對象

採購市場調查須瞭解物料生產型態及流通路線,同時瞭解相關製造廠商公司之信譽、財務、生產能力及營運狀況,藉以選擇理想之供應商。

(七)付款條件

付款方式係以現金或非現金,或預先付款,還是幾個月後再付款,這些價款支付條件與計算價格是否合理均有密切關係,均要列入調查範圍。

三、採購市場調查的類別

採購市場調查依其調查對象的不同,可分為物料調查、市場調查、廠商調查等三大類。茲分述如下:

(一)物料調查

所謂「物料調查」,係指蒐集目前市面上公司所需的原料、食品、設備等有關資訊(圖4-2),就其品質、特性、價格來從事分析比較。此外,尚須隨時掌握市場新物料的情報。

(二)市場調查

◆調查合理價格
調查目前市場之行情,進而瞭解該產品製造成本及方法,再針對該產品從事價值分析,以釐訂合理的市場價格。

◆調查採購時機
瞭解企業對該物料的需求量,以及該物料在市場的供給量多寡。此外,尚須注意該物料是否有季節性之變化,以及交貨期的長短問題,據以作為日後研訂有利採購時機之參考。

圖4-2　物料調查須針對公司營運所需的食品、酒類等相
　　　　關資訊來調查

(三)廠商調查

　　瞭解物料生產型態及流通路線，同時針對製造廠商公司營運狀況加以
分析比較，藉以篩選理想的供應商。不過，廠商調查並不僅只調查目前與
本公司有業務往來者，也應注意發掘其他更好的供應商。

四、採購市場調查的方法

　　採購市場調查的範圍甚廣，由於調查內容性質不一，所以調查方法也
有異。一般而言，主要有下列三種：

(一)案上研究

　　所謂「案上研究」（Desk Research）又稱為桌上調查，這是一種靜
態的研究；係指蒐集自己公司及國內外有關的各種現成資料，予以歸納分
類、分析研究，藉以獲得結論，作為將來採購作業之參考。

　　案上研究的優點是資料蒐集較易，花費較少，省時省力，不受空間、
時間之影響，若能有系統整理，其價值很大。不過，是項調查研究之資料

是否為最新資料？可信度是否高？準確性又如何？均須加以考量，否則將
誤導企業的研判。

(二)實地研究

實地研究（Field Research），另稱「田野研究」，是一種動態的研
究，係指透過採購員實際從事原始資料之蒐集、調查、研究，藉以獲取市
場有關情報，進而瞭解市場動態，掌握市場現況。這種原始資料蒐集的方
法，有調查法、觀察法實驗法等三種。

為確保所蒐集的資料為最新且最正確的一手資料，採購人員平時即
應透過各種資訊管道，如新聞媒體、網際網路、產品展示會、產業工會或
政府相關單位所發行年報刊物，以及各廠商產品目錄來蒐集所需的商務資
訊。

(三)委託國內外專業機構調查

餐飲業對於某些特殊產品物料，有時會將所要獲得的資料，委託專業
機構如餐飲顧問公司、產業工會等代為調查或仲介，藉以獲取所需物料之
商情資料。

第二節　餐飲採購預算管理

現代餐飲企業已逐漸重視採購預算的重要性，認為它是控制物料採
購的一種有效管理方法。為使讀者進一步瞭解採購預算之意義及其編製原
則，茲分別摘述如下：

一、採購預算的意義

所謂「採購預算」，另稱「購物預算」，係依餐飲生產銷售營運計畫
中的餐飲用料預算所編列之各項物料及金額，參酌餐飲實際需求及庫存量
來編製。採購預算係餐飲採購作業之始，也是餐飲成本控制的一種手段。

採購預算包括採購數量預算以及採購財務預算等兩大領域，前者係由

採購部門參酌實際庫存量來執行；後者係根據預購數量來編列所需採購金
額，再由財務單位與會計單位共同來執行相關付款與稽核事宜。

二、採購預算的功能

目前實施中央集中採購之大型現代餐飲企業，如連鎖餐廳、加盟企業
以及食品業均十分重視採購預算管理，主要是它具有下列功能：

1. 可使採購進貨量與用料時間完全配合，以達適時供應之需，同時可
   避免因物料不足而影響營運之困擾。
2. 可避免因物料短缺而發生臨時高價採購的浪費。
3. 可避免超購、誤購及少購的弊端。
4. 實施採購預算可增進營運效率及控制成本（**圖4-3**）。
5. 可使企業單位在財務上早作準備，並可供有關部門作為彙編單位預
   算與核准預算數量之參考。

三、採購數量預算編製

通常採購預算可分採購數量預算與採購財務預算等兩種，現僅就採購

圖4-3　採購預算可確保物料適時供應，並可增進營運效
　　　率及控制成本

餐飲採購學
——管理、實務與成本控制

50

數量預算編製的原則與方法分述於後：

(一)採購數量預算編製的原則

◆連續性原則

例如餐廳常備物料數量預算，必須參照上年度銷售實況與下年度營運計畫來決定，務使物料預算能互相銜接配合。

◆適時性原則

採購物料預算之編製須注意時效，把握適當時機。若編製得太早，由於物料市場變化太大，難以適時掌握商情；若編製得太晚，則因編製手續繁雜，匆促估算難免有誤，所以必須斟酌衡量實際情況加以適時編製，以免影響採購。

◆富彈性原則

採購物料數量預算是一種概括性的估計，誤差勢必難以避免，因此預算之編製須富彈性，以免臨時追加或浮濫使用。一般均以提出預算總值5%作為彈性補充備用。

◆適量性原則

物料需要量應計算每單位標準用量，並依標準作業算出必要的損耗率，求出合理損耗量，以建立標準化分量。

◆適價性原則

購物預算有關價格與費用，須調查市場行情、預估市價。所預估之價格並非時價，而是實施預算期間內所可能適用之價格。

◆周密性原則

預算之編製或實施，均應針對市場供需、銷售計畫、營運週期及資金調度方法等，作全面性考量並力求周全，以免預算編製錯誤。

(二)採購數量預算編製的方法

通常採購數量之多寡與餐廳營業額、銷售量息息相關。易言之，須於生產及營業預算編製完成後，才可著手編製食品原料之採購數量預算。其

方法摘述如下：

步驟 1 先依採購物料價值及重要性分類

現代餐飲企業為加強物料管理，乃針對物料本身的價值及重要性程度，採用ABC物料價值分析法來分類採購：

◆A類物料

係指單位成本高，價格較貴，價值較高，且庫存量不多的存貨。此類物料需求有時間性與季節性，只須維持最低庫存量即可，但須嚴格管制出貨，以防缺貨，如名貴鮑魚、魚翅、魚子醬等（**圖4-4**）。

◆B類物料

係指物料存貨數量與價值，占整個進貨成本相當的比例，但此類物料可隨時調整庫存量以應實際需求，而不須控制其最低與最高存貨量者，如中價位的物料備品。

◆C類物料

係指物料存貨量甚多，但其所占金額小，單位成本很低，價值不高者。此類物料可採一次大量進貨，以降低採購成本，可維持較大的庫存量，如辛香料、調味料及零星備品。

圖4-4　魚子醬通常列為餐廳A類物料

步驟 2 編製各類物料之採購數量預算

一般訂定物料採購數量預算的步驟為：

1.先預估預算期內餐飲營運銷售所需物料備品的數量。
2.根據銷售預估所需物料備品數量，再加上最低與最高存貨量，求出總需求量。
3.再以上述總數減去上期期末存量，即為預算期間內之最低與最高採購數量。茲將採購數量預算計算方法列於**表4-1**。

表4-1　採購數量預算計算方法

> 1.（生產需要量）+（最高存貨限額）−（期初存貨）＝最高採購限額
> 2.（生產需要量）+（最低存貨限額）−（期初存貨）＝最低採購限額

備註：上述採購數量預算也可以運用標準庫存量之數學計算公式予以預計，唯須考量實際各種影響因素，如市場實際供需變化、採購方法、交貨條件等。

四、採購財務預算編製

採購財務預算通常是在採購數量預算編製完後，再根據數量預算及各物料採購進度逐月或分期編列，以利預算之執行控管。

(一)採購財務預算編製的方法

1.採購部門根據所編定的年度採購計畫與預算，按月份需求量編列進度表送交財務部門。
2.財務部再根據物料採購量之進度表及採購計畫中之數量預算來編製月份現金預算。

(二)採購財務預算的控管

餐飲企業所需的物料種類繁多，控管不易，為落實預算的控管，須遵循下列原則：

1.首先將採購計畫所列的物料，將其總值達80%以上或將ABC物料價

值分析法之A類物料，從中挑選20～30項列為控管重點範圍。

2.將主要控管物料實際執行情形，按月份詳加檢討，以確實掌控預算進度。

3.為求有效控管及考核預算執行績效，可將各單位預算執行狀況表，予以列印提交相關部門檢討，並於主管會報中列入工作報告。

第三節　餐飲採購品質管理

品質、價格、數量及交貨等四項，為現代採購管理的四大基本要件，其中以品質為最重要。因為採購物料之品質規格若發生問題，勢必造成企業營運及生產作業之困擾，進而成為整個採購弊害之淵藪。品管學者Brogowiez、Delene與Lyth（1990）特別將品質規格列為第二大服務缺口（Gap 2），以作為餐飲業改善服務品質的努力目標。

一、品質的意義

(一)品質的定義

「品質」，係指企業對於所採購的物料，其功能、成分、形狀、尺寸、色澤、硬度及彈性等各種特質，均符合企業所要求的質量標準。

若將上述質量標準以文字書面表格方式表示，即為所謂的「規格」（Specification）。易言之，所謂「品質」、「標準」、「規格」此三者在採購學而言，乃是一體的三面。

(二)適當的品質

所謂「適當的品質」（Right Quality），係指餐飲採購的物料或設備在餐飲銷售服務或生產製備過程中，能符合並達到餐飲企業所要求的產品品質標準，在使用上具有相當的實用價值者。

事實上，現代採購學所謂的品質，係指適當的品質而言，並非一般商場上所強調的物料品質等級高低或是好與不好之品質認定方式。因為「最好」的品質並不一定是餐飲業銷售服務或生產製備上「最適合」的

物料，例如頂級牛排並不適於一般平價餐廳採用作為食材；反之，商業級（Commercial）低檔牛排也不適合在精緻餐廳作為供食材料。易言之，「適當的品質」在採購學上並非指最好、最優等的等級，而是須具備下列三項特質：

◆ **適合性**（Suitability）

   即適於餐飲產品品質標準，符合營運需求（**圖4-5**）。

◆ **實用性**（Availability）

   即具可利用、可使用價值，如產出率高或功能佳。

◆ **成本**（Cost）

   即具價值性，符合成本需求，具成本效益。

二、品質構成的要件

   採購物料的品質，基本上除了功能性考量外，尚須兼顧壽命、操作性、維修服務、安全性及外觀造型等要件，分述如下：

圖4-5　牛肉品質標準，應符合餐廳營運需求

(一)功能性（Function）

係指該物料之主要功能、次要功能，均須達到一定的實際效益，效用良好，如營養、美味、養生或舒適等功能。

(二)壽命（Life）

係指該物料之使用保存期限、布巾之耐洗次數或電器用品之使用壽命長短等而言。

(三)操作性（Operation）

係指該物料在使用時是否便於操作運用，或便於攜帶搬運。

(四)維修服務（Maintainability）

係指售後服務是否良好，維修保養是否方便省事。

(五)安全性（Safety）

係指該物料在操作上是否安全，如割傷、觸電、滑倒或安全衛生等問題。

(六)外觀造型（Style）

係指該物料之型態、外表造型是否美觀及是否具觀賞價值。

三、採購品質管理的基本概念

餐飲業者為求有效維護餐飲服務品質，必須先加強採購品質管理，力求採購品質規格標準化，使餐飲產品能符合餐飲業質與量的需求水準，期以滿足顧客一致性服務之品質需求。

(一)規格標準化的意義

指運用現代科學管理的方法，為提升或確保物料質量能達到所預定的基準，而制定的系統化規格標準。

(二)餐飲採購規格標準的功能

◆確保餐飲服務品質之穩定性與一致性

1.採購規格標準化，便於餐廳標準食譜之制定與廚房生產作業標準化之烹調作業。

2.提供顧客一致性之品質服務（圖4-6）。

◆增進餐飲企業營運之效能

1.能使企業員工事先充分瞭解每項食品、材料之品質規格，有益於生產作業與服務效率之提升。

2.可避免企業內部對於物料品質之溝通障礙。

◆強化餐飲採購部門之工作效率

1.具有書面通知的作用，它有助於供應商瞭解企業本身之需求，並能及時提出合理且具競爭性之報價。

2.餐飲採購規格標準，有助於物料之驗收工作。

◆便於物料倉儲管理與餐飲採購成本控制

1.可提供物料發放與倉儲管理人員明確之物料規格資訊，有助於其工作之執行與控管。

圖4-6　餐飲採購規格標準能確保服務品質一致性

2.可供餐飲企業財務部門進行物料成本控制之參考。

四、餐飲採購規格制定的基本原則

餐飲採購規格之擬定,係由採購部門會同各營運部門之主管,如經理、行政主廚、主任等人員,依餐飲企業之營運方針及各部門對物料品質規格及價格等之需求,經由事先共同協商研訂而成。茲就其規格制定須遵守的基本原則,摘述如下:

(一)採購規格須符合餐飲業營運目標與市場需求

採購規格之制定,須考量企業本身之類型、設備設施及市場定位,並能確保服務品質與產品質量之一致性與穩定性。

(二)採購規格力求簡明,品名要明確易懂

採購物料之品名須明確,儘量採用國際性或國內通用之規格標準,例如:

1.我國中央標準局標準(Chinese National Standards, CNS)。
2.優良食品標準(Certified Agricultural Standards, CAS)。
3.優良製造標準(Good Manufacturing Practice, GMP)。
4.食品良好衛生規範(Good Hygiene Practice, GHP)

採購達人

食品良好衛生規範

食品良好衛生規範(Good Hygiene Practice, GHP)為時下食品業者為確保產品安全衛生品質最基本軟硬體需求,無論是製造、加工、調配、包裝、運送及儲存等過程,都要確實做好衛生管理。若經業者申請評鑑符合分級標準者,授予「優」、「良」標章,供消費者參考。

5.優良農業操作農產品（Good Agriculture Practice, GAP）

6.美國農業部（USDA）等級評鑑標準，如A級、B級或C級。

(三)採購規格內容應明確，具彈性原則

1.採購規格之主規格須力求明確清晰，唯次要規格則可稍具有彈性，以免造成供應商困擾，而影響貨源之供應。

2.主規格明確詳盡，不僅有利於品質標準化之控管，更可避免日後交貨驗收之不必要爭端。

(四)採購規格之設計須力求新穎，重視效率

1.採購規格之設計須符合通用規格，不僅能保障品質且容易掌控物料來源，有助於採購作業效率之提升。

2.規格之設計須便於電腦資訊之處理，以利建檔登錄及列印輸出作業。

(五)採購規格標準須符合成本控制原則

1.採購規格須考量是自製或外購決策，因其物料成本完全互異。

2.採購規格標準須以經過實際測試後之結果來編列，以力求採購成本最低的目標。例如購買已加工的食材成本，以及購買尚未加工的食材成本，將上述兩項物料成本予以實際檢測比較後，再考量採購哪一種物料成本最低，然後再列入規格標準內。

(六)採購規格須考量食物哩程

1.食物哩程（Food Miles），另稱「碳哩程數」，係指我們所消費的食物與食物原產地之間的距離而言。食物哩程愈遠，不但不新鮮，品質、風味及營養度也會受影響，而且價格也偏高。食物哩程最好在100哩以下。

2.由於運送食物之過程也會消耗大量能源，製造更多CO_2的環境汙染，因此儘量以採購「當季」與「當地」之食品物料為優先考量，以善盡企業環保的社會責任（圖4-7）。

圖4-7　蔬果的採購須考量食物哩程，儘量以當季、當地
　　　　食材為原則

產品身分識別

　　所謂「產品身分識別」（Product Standard Identification），係指為
避免市面上的產品名稱讓人混淆，因此政府相關機構會針對某一些特
定的產品給予強制規範並賦予特定且確切的名稱。例如：美國農業部
針對肉類及家禽類的商品建構了商品身分識別標準，並給予特定的標
章認證，如有機認證標章、肉品等級標章等。此外，針對產品的產地
也須認證。例如：我國各地的特產或農產品，均需由各地農業產銷機
構認證或產品履歷證明等均屬之。

五、餐飲採購規格的基本內容

　　餐飲產品種類多、項目雜，為求有效營運管理，現代餐飲企業對於物
料採購規格均力求標準化，以應時代潮流。茲將一般餐飲採購規格之基本
內容要項，摘述如下：

1.品名：物料名稱力求明確，符合一般市場通用之正確名稱為原則，尤其是須與供應商所使用之物品名稱一樣，始能減少錯誤。

2.品質：物料之品牌名稱、等級、型式、產品身分識別、產品履歷或認證標章等。

3.產地：物料之原產地，如國產或國外進口。

4.用途：物料用途須詳述，如蒸、煮、烤、炸。由於用途不同，所需物料品質要求也不同。

5.重量：所需物料的重量大小須標示清楚，如公斤、磅、台斤。

6.備註：舉凡有關採購品質之特別需求，如運送方式、溫度、包裝材質及方式，或其他必要詳加說明之事項均可詳載於此。

7.其他：如編號、使用部門、入庫時間、填表者或使用者。

餐廳採購規格之範例如**表4-2**、**表4-3**。

表4-2　揚智西餐廳餐巾採購規格範例

項目	說明	圖片
品名	餐巾Napkin	
品質	純棉Cotton 100%，縫邊	
用途	午、晚餐供餐服務	
尺寸	50公分x50公分	
顏色	白、鵝黃、粉紅	
包裝	每箱2打，每打12條	
最低訂購量	1箱	
備註	包裝箱須加註餐巾顏色	

表4-3　揚智西餐廳萵苣採購規格範例

項目	說明	圖片
品名	結球萵苣（西洋生菜）	
品質	優良等級	
用途	歐式自助餐生菜沙拉	
重量	每粒約1斤（600克）	
產地	台灣	
產出率	80%	
包裝材料	每粒以透氣塑膠膜包裝	
運送方式	以冷藏方式運送，溫度2℃～4℃	
備註	進貨以每箱20斤為單位	

第四節　餐飲採購數量管理

　　一般所謂的「數量」，係指商品的多寡，或是指計算數量之單位。但在採購學上所謂的數量係指「適當的數量」，它牽涉到採購方法、採購政策、市場供需情況等問題，這些因素均會影響到「適當數量」之決定。

　　大宗物資之採購，究應一次或分批分裝採購，採用哪種方法可能會增加運費、倉儲費及數量消耗，哪種方法可能會增加特別維護費及管理費。以運輸成本而言，如採購某物料時，其數量不足一貨櫃，是否該考慮同時增購另一種物資？以充分利用運載空間，節省運輸成本，這些均會影響原訂採購基本數量。易言之，採購數量的多寡，除了涉及採購方法本身的特性外，更牽涉到存量控制管理政策。

一、採購數量的意義

　　所謂「採購數量」，在採購學上係指最符合企業營運需求與成本效益，即全年採購成本與全年存貨保管成本相等時的經濟訂購量（Economic Order Quantity, EOQ）。易言之，採購數量係指最符合採購費用與庫存費用成本原則的「適當數量」或「經濟訂購量」，期以避免因存量不足而影響餐飲業正常營運及服務品質。同時也可防範因庫存量過多而造成資金積壓、物料損耗及管理費用之徒增。

二、影響餐飲採購數量的因素

　　影響餐飲採購數量的因素很多，如餐飲營運銷售需求、採購預算、存量控制制度、物料市場供需以及採購方法等因素，均會影響餐飲採購數量，摘述如下：

(一)餐飲營運需求與銷售量之多寡

　　餐飲業類型不一，其物料需求互異，唯對於銷售量較大的物料，通常其採購量也較大。例如專營外賣之速食餐廳，其紙類包裝物之需求量較之一般桌邊服務餐廳的需求量要大（**圖4-8**）。因此紙製容器或外帶包裝物為

**圖4-8　速食餐廳或免下車服務的餐廳其紙製容器需求量
較大，因此採購數量也較大**

外送或外賣餐廳採購量較大宗的物料之一。此外，銷售量大之餐飲業，其
每次採購量也較大，反之亦然。

(二)餐飲採購預算資金額度之分配

餐飲業採購預算資金編列之額度多寡，以及可供調配之可用資金金
額，均會影響其每次之採購量。

(三)物料存量控制的制度與方法

餐飲業為確保其營運所需之物料不虞匱乏，或避免囤積過多，通常會
運用存量控制的方法或制度，來加強其庫房存貨之控管及採購數量計算之
依據，如餐飲業經常採用的訂購點法即是例。

(四)物料市場供需環境之變化

物料貨源在某盛產季節其價格往往下滑，進貨成本也較低，此時業者
通常採購量會增加。此外，若可預期某時段後物料價格會下跌，此時的採
購量將會銳減，俟物料價格下降後再大量補購。

(五)企業所使用的採購方法不同，其採購量也不同

目前中小型的餐飲業對於一般物料或生鮮食品原料均習慣採用「零庫存」之政策，前往批發市場以現行市價逐筆採購，此類採購方式均屬於量小的採購。至於大宗物料採購，如國際連鎖速食餐飲業之物料，均是於公開招標（Sealed-Bid Buying）、競價比價後，依所簽訂的合約來供貨。

三、物料存量控制法

餐飲企業對於所需物料之採購數量多寡，其影響因素很多，但其中以存量控制法影響為最大。茲將常見的五種存量控制法（**圖4-9**），摘述如下：

(一)雙份制

所謂「雙份制」（Two-Bin System），另稱備份制，係一種簡便的訂貨方法。其作法是把特定物料另外購買一份備用，平常備存不用，待主要存貨全部用完才可動用。此法一般很少採用，僅適用小規模餐飲業採用。

(二)觀察制

所謂「觀察制」（Visual Review System），係屬一種簡便方法之一，唯較「雙份制」進步些。此法係每週或每兩週查點一次，把短缺部分進貨補充，以確保一定存量標準。其缺點是成本控制不易，實地查點容易疏忽，且不能檢討訂貨目標得失，因此現代化管理的餐飲企業較少採用。

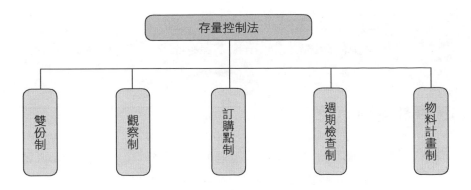

圖4-9　存量控制的方法

(三)訂購點制

所謂「訂購點制」（Order-Point System），係一種最高最低存量控制法，當倉庫物料存貨降到「某一水準」時，則要依經濟訂購量來下訂單，以補充存貨至最高庫存量，而此某一水準即為所謂的訂購點，另稱「理想最低存量」。

訂購點對於餐飲企業物料採購作業相當重要，因為物料訂購之準備工作含運送交貨，往往需要一段前置時間（Lead Time），另稱購備時間。訂購點的計算公式如下：

公式

訂購點＝每日需求量×購備時間＋安全存量

(四)週期檢查制

所謂「週期檢查制」（Periodic Review System），又稱為定期訂購法，係指每隔一定時間即檢查庫存量，然後將物料予以進貨補充，以達定量之庫存量。此特點為進貨採購的時間一定，但每次進貨採購量並不一定，視手中現有庫存量多寡而定。目前在消耗量固定且量大的餐飲業甚受歡迎。其計算公式如下：

公式

訂購量＝購備時間需求量＋標準庫存量－目前現有庫存量

(五)物料計畫制

所謂「物料計畫制」（Materials Planning System），係指餐飲企業所需訂購的物料數量，必須配合營運生產銷售計畫進度來訂定。此類制度在目前餐飲企業除了專營外燴或包辦宴席之業者外，較少人採用。

四、餐飲採購數量的計算方法

餐飲企業的類型不同，因此所需的物料採購量及其存量控制也不盡相同。茲將目前現代餐飲業常見的採購量計算方法，摘述如下：

(一)訂購點的計算方法

訂購點＝（每日需求量×購備時間）＋安全存量

說明：1.訂購點：另稱「實際庫存量」，也是一種理想最低存量。

2.購備時間：係指自物料下訂單至交貨所需之運送、準備時間。

3.安全存量：係指為應付緊急需求或採購延誤等意外，而維持的基本存貨量。安全存量通常均視餐飲業之銷售量與採購因素而定，唯一般均以購備時間需求量的一半，作為安全存量。

例一 揚智西餐廳平均每日營運需要10磅咖啡，廠商自訂貨至交貨時間為4天，試求其訂購點及安全庫存量。

題解

1.安全庫存量：（10磅×4）÷2＝20磅

2.訂購點：10磅×4＋20磅＝60磅

(二)定期訂購法的計算方法

訂購量＝購備時間需求量＋標準庫存量－目前現有庫存量

說明：1.本方法的特點為採購時間固定，唯採購量不一定，端視經盤點檢查手中現有庫存量多少而定。

2.此方法適用於物料消耗量大，且定期採購的餐飲業者所使用，如

大型餐飲連鎖企業或銷售量大的餐飲業。

3.標準庫存量（Par Stock），係指本次進貨至下次進貨期間固定的
需求量加上安全庫存量，也是庫房最高存量。易言之，標準庫存
量等於經濟訂購量加上安全庫存量，如**圖4-10**所示。

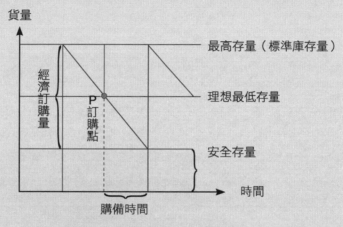

圖4-10　最高最低存量控制法

例二 揚智西餐廳每兩個月訂貨一次，每個月消耗清潔劑90瓶，經定期盤
存後，得知庫存僅剩7瓶，廠商交貨須2天，如果現在要下單訂購，
試問應訂購幾瓶？

題解

1.由題意得知，係採定期訂購法來訂貨，故須先求得每日消耗需求
量、購備時間需求量及標準庫存量。

2.每日需求量為：90瓶÷30（天）＝3瓶

3.購備時間需求量為：3瓶×2（天）＝6瓶

4.安全庫存量為：3瓶×2（天）÷2＝3瓶

5.標準庫存量為：3瓶×60（天）＋3瓶＝183瓶

6.訂購量＝購備時間需求量＋標準庫存量－現有存量

訂購量為：6瓶＋183瓶－7瓶＝182瓶

(三)經濟訂購量的計算方法

公式

$$經濟訂購量EOQ = \sqrt{\frac{2SF}{CP}}$$

說明：1.經濟訂購量係最符合經濟原則的最適當採購量，此時的採購總費用成本最低。

2.經濟訂購量之計算，其公式說明如下：

S＝每年採購量

F＝每次採購成本

C＝存貨保管成本率（一般為單位成本之20～25%）

P＝存貨單價

例三 揚智咖啡廳每年需訂購紙巾2,250打，每打單價100元，每次進貨採購成本20元，保管成本為單位成本的25%，試求該咖啡廳之經濟訂購量？

題解

依題意得知：S＝2,250，F＝20，C＝25%，P＝100

$$EOQ = \sqrt{\frac{2 \times 2,250 \times 20}{100 \times 25\%}} = 60（打）$$

(四)生鮮食品原料採購量的計算方法

公式

$$採購量 = \frac{食材服務分量}{食材產出率} \times 總份數 + 安全庫存量$$

說明：1.餐飲業所需之生鮮食材或奶製品，為避免變質腐敗，往往要求廠

商每日進貨，如海鮮類之魚蝦。至於肉類食材則採二至三天採購一次，其餘生鮮蔬果通常以每週進貨一至二次為原則。

2. 生鮮食材經過洗滌、切割、烹調製備過程後，可作為上桌供食服務之分量，若與原來未經處理之分量比較，其百分率稱之為產出率，另稱淨料率。

3. 生鮮食材之採購量計算不適於前述三種標準量之採購方式，上述方式僅適於乾貨、日用品、備品或不易腐敗之物料採購。

4. 本公式計算前，須先預估所需食材之總需求分量，再根據該食材產出率來計算。

5. 生鮮食材之採購除了要熟悉各食材之品質與功能外，更要瞭解菜單內各主要食材之產出率，否則難以勝任是項採購工作。因此許多餐飲業此項請購量均須由主廚負責填報。

例四 揚智西餐廳聖誕夜有大型的170人餐會，宴席菜單為美國特級牛排套餐，服務分量每份10oz，特級牛排的產出率為85%，為防範臨時額外增加客人之需求，擬另外預備總分量5%為安全庫存量，試問該餐廳需採購牛排多少磅？

題解

1. 基本採購量為：$\dfrac{10oz}{85\%} \times 170（人）= 2{,}000oz$

2. 安全庫存量為：$2{,}000oz \times 5\% = 100oz$

3. 總共採購量為：$2{,}000oz + 100oz = 2{,}100oz ≒ 131.3$ 磅

🍎 第五節 餐飲採購價格管理

價格在餐飲採購作業上是項非常重要的因素，但是也不可因為過於重視價格，而忽略其他採購因素，若因價格低廉而影響品質、服務與數量之供應，那麼廉價之價格將變得毫無意義可言。事實上，採購工作務必使買賣雙方利益在良好關係下才得以發揮其本身功能，何況廉價交易，往往產生劣貨充斥等糾葛情事，對買方而言，實際上是得不償失。

一、餐飲採購價格的意義

通常採購基本要求是：品質、服務、價格三者，其中以品質列為第一優先，價格最後考慮。因為品質若不能符合需求，即使價格再低廉也無效用，因此在採購學上所謂的採購價格並不是指最廉價的價格，而是指「適當價格」而言（**圖4-11**）。

易言之，所謂餐飲採購價格（As Purchased Price, AP Price），係指餐飲業者向供應商購買最適當品質與服務之物料，於交貨時所付出的最適當價格。由此可知，餐飲採購價格所強調的是物料之規格品質，以及廠商所提供的附帶服務多寡，而非強調最低或最便宜的價格。

二、餐飲採購價格的類別

餐飲採購價格種類繁多，茲分別就其性質與結構兩方面來加以說明：

(一)依性質來分

依性質來分有下列六種類別：

圖4-11　餐飲業設備、器皿的採購價格是指適當的價格，而非最廉價的價格

◆時價

係指採購當時市場的價格而言,由於市場供給與需求因素經常在變動,因此價格隨時在變動,故有早晚時價不同之說。一般而言,時價又可分躉售價格、零售價格與出口價格等三種。

◆期貨交易價格

係指向交易所買賣期貨時,實際支付的價格,可分為遠期交割與現貨交易兩種價格。

◆壟斷價格

為一種類似獨立或完全競爭的市場價格,其價格係由某些大廠商聯合壟斷操縱,非其他業者所能控制。

◆競爭價格

係指在公開競爭市場中,由各供應商間自由競爭而決定之價格,如公開競標即是例。

◆固定價格

係指買賣雙方同意以固定價格作為成交價格,另稱一定價格。

◆彈性價格

係指買賣雙方約定,採購價格在某種情況下,可隨市價而調整,如長期合約上的價格通常屬於此類型。

(二)依結構來分

餐飲採購價格依結構來分有:

◆船邊交貨價格(Free Along Side, FAS)

係指賣方須於約定交貨日期或時限內,將貨物運到買方所指定船舶的船邊或碼頭交貨之價格。

◆船上交貨價格(Free On Board, FOB)

係指賣方依交貨期限日期,將貨物運送到指定運輸工具上的交貨價格。

◆**售價含運費的價格**（Cost & Freight, C&F）

係指賣方須負責安排船隻，將貨物運送到目的地之價格，但不包括海上運輸之風險責任與費用。

◆**售價含保險費、運費的價格**（Cost, Insurance and Freight, CIF）

係指採購交易之價格，包括運輸與保險費在內，賣方須依約負責一切風險及費用，將物料送達目的地。

三、影響餐飲採購價格的因素

影響餐飲採購價格的因素很多，均會影響採購價格之變化（**圖4-12**），茲分述如下：

(一)採購數量

價格高低與採購數量有關。大批採購與零星採購的價格絕對不同，採購數量的多寡，往往會影響到採購價格的高低。因此餐飲業者經常聯合其他同業大批採購定量之物料，然後再共同分擔費用，如餐飲連鎖企業的採購即是例。

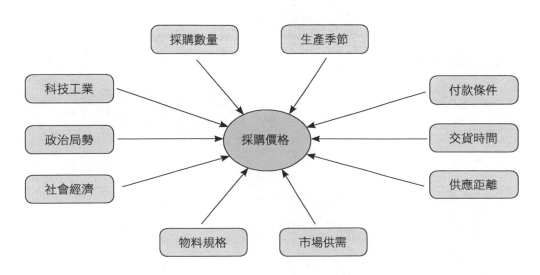

圖4-12　影響餐飲採購價格的因素

(二)生產季節

價格深受生產季節之影響，因此在不同時期所採購的物料其價格必定不同。例如西瓜在6、7月為盛產期，其價格便宜，但在9月後之價格則高漲許多。

(三)物料規格

物料規格不同，其品質與性能也有差異，因此價格也不一樣，例如A級品與B級品其價格即不同。此外，若規格過於嚴苛，供應商必須另外特別量身訂製，當然價格一定較昂貴。

(四)市場供需

採購價格之高低取決於市場之供需，若市場物料之供給量大於市場消費者之需求時，其價格一定下滑；反之，若市場需求量大於廠商之供給量，則廠商可能會待價而沽，價格之高漲乃必然現象。

(五)供應距離

價格受供應地區距離遠近的影響，由於供應地區遠近不同，其運費也不同，價格自然受影響（**圖4-13**）。因此現代餐飲採購非常重視食物哩程，不但可節省營運費用，且符合環保理念。

(六)交貨時間

交貨時間緩急會影響價格高低。在正常生產情況下，成本較固定，若因趕工交件，勢必加班生產而增加費用，當然價格也相對提高。

(七)付款條件

付款方式或條件不同，其所需支付之採購價格也不同。例如現金或即期支票較分期付款優惠，當然價格也較低。

圖4-13　餐飲業的家具設備由於供應地區遠近不同，價格
　　　　也深受影響

(八)科技工業

科技工業高低不同，也會影響物價，即使同一規格之產品，在科技工業水準高的地區其製造成本必定比工業落後地區所需成本較低，因此價格也會不同。例如：食品基因改造技術不僅能在短期內大量生產，並可增加儲存時間及食品風味；乳牛注射荷爾蒙，牛乳產量可增加10%等均是。

(九)政治局勢

政治局勢不穩定，物價將會受到影響，甚至造成通貨膨脹，尤其是政府的政策及相關法令，對於物價之影響甚巨。

(十)社會經濟

社會經濟繁榮與否，將會影響到社會消費指數高低、市場的景氣及物價起伏，進而影響到物料成本之採購價格。

四、現代餐飲採購價格決定的方式

一般而言，採購價格之決定有下列兩種方式，即公開競爭方式價格與協議方式價格。

(一)公開競爭方式價格

公開競價是一種透過參與競標的廠商自由競爭的方式，係由三家以上廠商來投標決定價格，如公開招標、自由競標均屬之；此競價方式的最大缺點是僅考慮到價格，對於價格以外的採購需求均無法兼顧到，如廠商本身之信譽、品質，以及售後服務等問題均無法有效約束。因此，公開競爭方式所決定的價格，並不一定是餐飲業所需最適當的採購價格。

(二)協議方式價格

協議方式價格簡稱為「協議價格」或「議訂價格」。就學理而言，議價方式比公開競價理想，因為各項採購因素、內容細節在議價過程中均可詳加提出討論，買賣雙方可完全就其本身利益及需求相互協調而獲得理想價格；因此，目前餐飲業採購價格之決定方式，大部分均以此方式為之。

決定採購價格之基本原則，乃在使餐飲業所採購之物料能合乎本身需要，如品質、付款方式、交貨條件及售後服務等條件，絕不可因貪圖一時便宜，而造成將來永續經營之困擾。

五、餐飲採購價格預估的方法

餐飲業者在採購物料前，無論是採用公開競爭或買賣雙方協議方式價格，均須事先針對所需採購物料來預估價格，茲列舉一些常見的餐飲採購價格預估方法供參考：

1. 國內採購最好實際調查三家以上有關廠商之價目表，再以其平均價格作為預估標準。其計算方式為：

$$採購預估價格 = \frac{甲報價 + 乙報價 + 丙報價}{3（廠商家數）}$$

2.採購食物原料可參照以往採購價格及目前市場行情予以比較，再擬定一理想價格（**圖4-14**）。

3.採購零件或配件，可參考以往採購價格資料，並查詢原廠零件價目表及折扣率再預估其底價。

4.大宗物資之採購除了按食品原料價格預估方法辦理外，並須與對方商談交易條件，再以電話、傳真或網路詢價，在詢價時必須將預購品質、數量、交貨日期交待清楚，必要時可分二至三次向對方詢價，並要求分別提報當前及預定進貨日之價格，以利行情判斷。

5.若採購物料缺乏相關資料可參考，但仍可利用以前性質類似的採購品價格資料，或依供應地之物價指數、市場狀況、採購量多寡、交貨期限等因素來調查評估之，或參考著名廠商的價目表、同業公會發布的價格資料來預估之。

圖4-14　餐廳食物原料的理想採購價格可參考以往採購價格及市場行情予以比較評估

6.對於國內大量物料須以議價方式採購者，可要求對方提供成本計算書，再據以分析其所列各項成本，如原料、人工及製造費用，並加合理利潤來擬定成交價格。

六、餐飲採購價格協定的方法

採購部門根據資料預估採購價格後，可作為協定價格之基礎，即「討價還價」。唯實際商談時，仍須參酌採購物料特性、採購條件、市場價格漲落趨勢，再考慮決定採取何種協定價格方法。一般較常用的價格協定法有下列幾種：

1.市價比較法：如詢價比較。
2.相類似規格價格比較法：如利用以往記錄價格進行比較。
3.外購與自製成本比較法：如成本分析比較。
4.原價檢討法：如成本分析比較或物料價值分析。
5.物價指數計算法：如參酌歷年物價指數增減計算之。
6.價值分析法：按標準化、多樣化規格之使用機能加以分析比較。
7.其他協定價格方法：如互惠條件、獨占市場。

第六節　餐飲採購通路與供應商

餐飲業營運所需的物料、備品、器皿及設備等物品，其類別繁多，性質互異。採購人員若想扮演好其角色務必要先尋找貨源，瞭解可自何種管道始能取得適質、適價、適量及適時供應的貨源。因此，採購人員須先詳加研究餐飲物料的銷售通路，然後再考量供應商之選擇。

一、餐飲採購物料的通路

餐飲業所需的食材、備品及器具設備，均有其特定的相關通路供應管道。基本上，餐飲採購物料的通路系統，係由貨源產地（Primary Source）、中間商（Intermediary / Middleman）及零售商（Retailer）等三者

所建構而成。

(一)貨源產地

餐飲業所需貨品物料的來源，主要有下列三種：

◆農、漁、牧業生產者

餐飲業所需的生鮮蔬果、海鮮海產及各種肉類等食材，均由上述貨源產地的種植者或養殖者所生產，再批發賣給中間大盤商或小盤零售商。

例如：台灣金鑽黑珍珠蓮霧的產地在高雄六龜，然後由當地農產運銷公司或青果合作社批發給中小盤商，再轉賣給零售商及消費者。

◆製造業者

係指將原料製成產品的製造業。例如：紙巾、餐具、杯皿、鍋具或葡萄酒等製造商或酒廠等均屬之。

◆加工業者

係指將多種食品或半成品，予以加工再製處理，變成另一種新的商品的加工商或裝配商而言。例如：冷凍食品、罐頭食品或醃漬食品業者等。

(二)中間商

所謂「中間商」，另稱仲介者，其角色乃位居產地生產者與消費者或餐飲業者之間的銷售服務。一般而言，中間商概可分為下列三大類：

◆大盤商

大盤商係直接與產地生產者收購產品物料（**圖4-15**），然後再運送各地並販賣給中、小盤商、零售商或消費者。例如：農漁牧產品批發商在產地收購農漁民剛採收的蔬果、漁獲，然後再轉運到各地賣給果菜或漁市批發市場的中小盤商。產品物料再經重新包裝整理後，直接銷售給市場小盤零售商及消費者。

此類產品原料歷經多層傳銷轉售，每層級均要賺取一筆管銷費用，直到使用者手中，其價格往往超出產地價格數倍以上。因此，大型餐飲企業至少會有一家以上的大盤商作為供應商（vendor），以利掌控資源及節省採購成本。

圖4-15　大盤商直接向產地收購蔬菜

◆貨源代理商

　　餐飲貨源生產者往往受限於人力、經費或市場資訊之不足，乃將產品銷售事宜全權委託代理商（Broker）或代理人（Representive），以利產品的銷售推廣及諮詢服務。例如：國外知名餐具在台總代理、法國名酒委託橡木桶酒商為在台總代理等即是例。

◆大型量販店或物流供銷中心

　　為使消費者避免受到中間通路層層加價之剝削，而能獲取比一般零售更便宜的物品，目前市面上不斷出現大型量販店或物流供銷中心。其性質類似前述的大盤商，均直接向貨源產地大批進貨，再以大包裝方式直售消費者。例如：好市多、大潤發及IKEA等均是。

(三)零售商、小盤商或超市

　　此類業者自上述中間商採購物料或產品後，即予以初步處理，如篩選、分類、洗滌、切割或包裝，再依餐飲消費市場的實際供需來訂定售價販賣。雖然價格會提高些，但卻可節省消費者不少寶貴的時間，並可降低消費者不少採購資訊不足之風險，且能獲取必要的服務。因此，餐飲業者的採購對象，大部分以此類小盤商為合作夥伴的供應商。

圖4-16　餐飲業者自供應商選購物料，並經廚房烹調再提
供給顧客享用

(四)餐飲業者及消費者

　　餐飲業者自前述零售商、小盤商或部分中間商採購所需物料或產品後，經由廚師烹調製備後，再端送餐廳服務顧客或外賣給消費大眾（圖4-16）。易言之，餐飲業者及市場消費者為此通路的最終使用者。

二、餐飲採購通路流程的價值

　　貨源產地的商品在經過上述層層通路傳銷轉售的過程中，所衍生的價值計有下列幾種：

(一)時間價值

　　供應商為生產其商品，須先自產地購置原物料再加工製造及儲存上架待售，他們要負擔資金成本囤積及銷售之風險。因此，供應商會將投入生產到銷售至買家，此段「時間」列入其成本。所以買方若想立即取得該商品，就必須願意支付對等的金額來購買。若就買方而言，則可免於浪費在採購所花的時間，此乃其時間價值。

(二)商品型態價值

所謂「商品型態價值」，係指商品在通路流程中，經由供應商將原物料予以初步處理，去蕪存菁或切割包裝，以利購買者使用。此類處理動作均需額外付出成本。此外，商品經包裝後，其價值也提高。事實上，商品型態價值為採購通路過程中最貴的附加價值。

因此，餐飲業者為節省採購成本，可選購不同包裝型態的同一商品，以減少包裝費用成本之支出。例如：採用分類包裝或經濟型包裝，而避免分裝成單獨使用的包裝方式。

(三)資訊價值

物料通路的供應商會免費提供買方有關商品使用的專業知識、相關資訊或免費義務指導操作技能。此類資訊的價值有助於買方增廣見聞，強化專業知能，並激發購買該商品的動機。

(四)服務價值

買方之所以願意支付較多的成本來購買通路商的商品，其目的除了商品本身價值外，也可獲得供應商服務。事實上，這些服務也早就包含在供應商的商品售價內。

綜上所述，吾人得知，商品自產地再經過各階不同通路後，其身價已非昔日產地價格可同日而語，其原因為：物料商品在整個通路流程中，已衍生並創造出許多的附加價值，如前述時間、商品型態、資訊以及供應商服務等價值。因此，消費者若說「錢都被中間商賺走了」，此句話則有待商榷。

三、理想的供應商

採購部門必須依餐飲企業的採購政策及營運需求，就通路系統中來慎選供應商。理想的供應商應備的條件計有下列兩大項：

食安五環扣　幸福安心GO!

鑑於近年來在台灣發生許多食安問題,如毒油、毒奶、瘦肉精及最近的芬普尼毒蛋風波,光靠再多檢驗也只能充當「事後諸葛」。唯有事先從源頭把關,做好食安五環,始能確保食品安全。所謂「食安五環扣」,是指下列五大環節:

第一環:源頭管理。政府須設立專責毒物管理機關,舉凡食品進口或發現生產有問題,就應立刻從源頭掌控資料加以管理。

第二環:重建生產管理。重建生產管理履歷,消費者在購買商品時,可從產品上的身分履歷資料來追溯生產流程、生產者,以及經銷商等有關通路資料,以利安心購買。

第三環:提高查驗能力。將現行政府的查驗頻率及強度予以提升,十倍市場查驗十倍安全,期以防範未然。

第四環:加重生產者、廠商的責任。加重惡意、黑心廠商的社會責任,如罰鍰及刑責加重。

第五環:全民監督食安。鼓勵創造監督平台,讓全民與消費者均能共同來監督食品安全的詳細環節。

期以透過政府各相關部會如農委會、衛福部、經濟部、財政部及環保署等來共同努力,確保「食物從產地到餐桌」之系列供應鏈中,每一環節都能符合環保及食品安全標準,讓我國成為國際間優良的食安典範。

(一)先決條件

1.理想的供應商需是合法廠商,需有工廠登記證、營利事業登記或公司執照等證件。

2.擁有良好生產供貨能力的設施與設備,如農牧養殖場規模或工廠生產線設備等。

餐飲 採 購 學
——管理、實務與成本控制

82

3.營運正常，財務狀況佳，如商場信譽良好、無背信或跳票等不良紀錄。

(二)充要條件

◆能適質、適價供應物料貨品

供應商需能以最低、最合理的價格，供應相當水準的物料或貨品，如擁有國際品質認證或標章。

◆有相當充裕的貨源及數量

理想的供應商必須擁有充裕的貨源（**圖4-17**），因為餐飲業營運若貨源不足，將會影響其服務品質，也最容易招致顧客的抱怨。例如：餐廳菜單因食材貨源缺乏而無法滿足顧客點餐需求而引起抱怨。

◆須能提供完善的售後服務

一般而言，供應商的貨品其品質差異並不大，唯其售後服務則有相當的落差。例如：服務項目及數量多寡、服務態度是否積極主動熱心，如能配合準時或緊急採購的送貨；能提供相關知能研習訓練機會等互惠措施服務。

圖4-17　供應商要有相當充裕的貨源

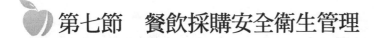

第七節　餐飲採購安全衛生管理

餐飲業中有件極重要而卻經常被業者們所疏忽的是——衛生與安全。在觀光先進國家，對餐飲衛生與安全均十分重視，因為一家餐廳之規模不論多宏偉，設備多完善，若一旦衛生有問題，對餐廳與整個社會將造成相當大的衝擊。影響餐飲衛生、安全之因素很多，本節僅針對餐飲食材採購有關的安全衛生管理問題來加以探討。

一、餐飲工作人員的衛生管理

為確保餐飲安全衛生，須加強餐飲從業人員下列良好的工作衛生習慣：

(一)整潔的服裝

餐飲工作人員上班時，應穿著整潔之工作衣帽，其目的乃在防止頭髮、頭皮屑或細菌等異物混滲入食物中，其工作衣帽之製作原則為：

1.衣帽以合乎衛生、舒適、方便及美觀為主，但工作帽蓋頭髮為原則。
2.廚房工作人員之服裝以白色為主，而採購人員則依公司規定。原則上，布料以不易沾黏毛絮、不起毛、易洗、快乾、免燙及不褪色為原則。

(二)整潔的儀容

餐飲從業人員經常與食物接觸，若儀容不整潔，將會對所製作或服務之餐食造成汙染，因此絕對不可留鬍鬚，頭髮宜剪短，經常梳洗頭髮，每週至少二次，工作時務必服裝整齊。

(三)手部衛生

手是傳播病原菌及有害微生物的主要媒介源，工作人員為維護手部衛生，須養成經常洗手的良好習慣（**圖4-18**）。洗手只能清除皮膚表面附著

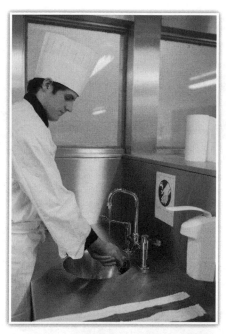

圖4-18 餐飲從業人員要養成經常洗手的良好習慣

之細菌,至於附在皮膚皮紋上及皮脂腺內的永久性細菌是無法除掉的。因此當餐飲從業人員須用手直接接觸食物時,最好戴上完整清潔的手套,以確保食物衛生。

◆指甲剪短,不可塗指甲油

指甲為藏汙納垢之處,尤其是蓄留長指甲時,更易使食物汙染或感染病原菌,故從業人員不可留長指甲,以確保食品衛生,同時手上飾物及指甲油易脫落,若滲入食品中則有礙衛生。

◆手部有創傷、膿腫時,不得接觸食物

因為創傷、膿腫時,可能有綠膿菌,它是一種「葡萄球菌」,一旦汙染食品,則會在食品中迅速繁殖,並產生耐熱腸內毒素,極易造成食物中毒,因此從業人員若手部有創傷、膿腫時,嚴禁從事食品作業。

正確洗手的方法

餐飲工作人員必須瞭解正確洗手方法,才能確保手部清潔。正確洗手方法,須遵循五大步驟,依序為:

◆濕:先以水潤濕手部,再擦肥皂或洗潔劑。

◆搓:用力互搓兩手,包括指尖、手掌及手背。

◆沖:沖去肥皂,洗淨手部。

◆捧:雙手捧水將水龍頭沖乾淨,再關閉水龍頭。

◆擦:將手擦乾或烘乾。

二、食物中毒事件的防範

　　食物中毒事件不僅影響顧客的健康安危，也會影響餐飲企業的形象，嚴重者尚須面臨司法與歇業之危機。因此，餐飲業者對於食物中毒事件之防範，切勿等閒視之或掉以輕心。謹分別就食物中毒的意涵、類別及其發生原因，摘述如下：

(一)食物中毒的定義

　　食物中毒是指「二人或二人以上攝取相同的食物，並發生相似的疾病症狀」，稱為一件食物中毒案件。此外，若因肉毒桿菌毒素而引起中毒症狀，且自人體檢體驗出肉毒桿菌毒素；或由可疑食品檢體檢測到相同類型的致病菌毒素；或因攝食食品造成急性食物中毒（如化學物質或天然毒素中毒等），即使只有一人，也視為一件食物中毒；經流行病學調查推論為攝食食品所造成，也視為一件食物中毒案例。

(二)食物中毒的類別

　　一般而言，食物中毒的類別可分為下列幾種，說明如**表4-4**。

表4-4　食物中毒的類別

類別		感染途徑
細菌性食物中毒	沙門氏菌	存於動物界，可經由人、家畜、家禽來感染食物；食用含菌的肉類或蛋類。
	腸炎弧菌	生鮮魚貝、海鮮類，或其刀具、砧板不潔引起。
	金黃色葡萄球菌	傷口、膿瘡。
	肉毒桿菌	肉類罐頭食品、香腸、臘肉，或發芽的豆類食品；其毒性強，致命率高。
	仙人掌桿菌	穀類如米飯或果醬等。
	病原性大腸桿菌	飲用水、土壤、人體或動物腸胃。
天然毒素食物中毒	動物性	毒河豚、有毒魚貝類等。
	植物性	有毒的菇類、蕈類、發芽的馬鈴薯等。
	黴菌毒素	儲存不當而長霉產生黃麴毒素的花生、玉米或黃豆等食物。
病毒食物中毒	諾羅病毒	如遭受諾羅病毒感染之食物。
化學性食物中毒	農藥、有毒的食品添加物，如硼砂、瘦肉精等，以及有毒的重金屬，如鎘、鋁或銅。	

(三)食物中毒的原因

1.食物中毒最常見的原因為保溫儲藏不當,如冷凍、冷藏溫度不夠。通常食物冷藏溫度應在7℃以下,冷凍溫度在-18℃以下,急速冷凍在-40℃以下,例如:乳類、肉類為4℃以下,蔬果為7℃。

2.食物加熱處理不當,食物若熱存至少須60℃以上。如海鮮餐廳海產處理不當所造成的腸炎弧菌中毒。

3.食品或原料在處理製造過程中,冷熱食或生熟食交互感染,或被已感染病毒的人接觸過。

4.食用遭汙染之食物或生食。

5.容器、餐具不潔。

6.誤用添加物或不當使用添加物。

(四)食物中毒事件的防範措施

台灣地區氣候濕熱,尤其是5～10月天熱,最容易發生細菌性食品中毒,其中以腸炎弧菌及金黃色葡萄球菌所引起的中毒事件為最。謹將食物中毒的防範措施摘述如下:

◆遵循:預防食物中毒的基本原則

1.清潔:清潔之措施,包括原料清潔、工作區清潔、炊具餐具清潔、儲藏庫與從業人員本身之清潔。易言之,清潔之範圍包括整個食品加工、調理及儲藏等過程在內,其主要目的乃儘量減少並防止細菌之汙染(圖4-19)。

2.迅速:是指以最短、最快之時間來處理食物,勿使細菌有足夠的空間來滋長,因此採購回來的食物,須立即儘快處理,如分類冷凍、冷藏,或烹飪處理。

3.加熱或冷凍冷藏:一般細菌生長最適宜之溫度為攝氏7～60℃之間,若溫度超過60℃以上。細菌大都會被消滅;若溫度在7℃以下,細菌繁殖不易,生長速度減慢,到-18℃時。則細菌根本不能繁殖,所以加熱或冷凍冷藏是一種消滅細菌、破壞毒素,以及抑制其生長的最好方法。

圖4-19　蔬果清潔，減少細菌汙染

◆實施「危害分析重要管制點」的管理系統

　　危害分析重要管制點（Hazard Analysis and Critical Control Points,
HACCP），是指針對餐飲食品整個製作生產過程，予以分析探討各個步
驟所有可能產生的危害因子及其危害程度，然後據以訂定有效控制與防範
措施，藉以確保餐飲產品達到一定的水準，如達到食品良好衛生規範的程
度，以提升餐飲安全衛生之服務品質，維護消費者的權益。

三、綠色食材的選購

　　健康的美食，須從綠色安全的食材選購開始；餐飲物料採購的安全衛
生，須以綠色食材選購為前提，力求選購當地、當季有機認證或產地身分
履歷之下列蔬果：

(一)吉園圃標章

　　吉園圃的英文為「Good Agriculture Practice」，簡稱「GAP」，其原意
為優良農業操作，它是經過政府「輔導」、「檢驗」、「管制」等程序控
管下的安全食材（圖4-20）。吉園圃專用期限至108年6月15日，之後升級
為有機及產銷履歷標章、友善耕作農業或自主管理QR Code等三種方式。

圖4-20　吉園圃標章

(二)優良農產品證明標章

優良農產品證明標章，其英文為「Chinese Agricultural Standards」，簡稱「CAS」，其原意為中華民國農業標準作業下的優良農產品，其產品計有：

◆肉品類

如冷凍、冷藏生鮮豬肉、禽肉、牛肉，及其加工製品。

◆生鮮食用菇類

如香菇、金針菇、杏鮑菇、鴻喜菇及木耳等菇類，須嚴格檢驗殘餘農藥或漂白劑。

◆生鮮蛋品類

如生鮮洗選蛋，並不含液蛋。此類生鮮蛋須經過良好飼料品質控管及採集蛋粒處理，經檢驗合格後始能取得認證標章。

◆包裝米類

市售CAS規範項下的米類產品，大部分是以包裝米為原則，如賣場2～5公斤裝的包裝米。這些包裝米是由農民在特定栽種區，以適切稻米品

種在符合安全標準的農業規範於田間種植及操作管理，最後再提供給特定
米廠碾裝包裝後，運送到市場供消費者選購。

◆冷藏調理食品類

　　冷藏調理食品最重要的考量因素是溫度、溼度及時間的控管。甚至在
儲運及銷售期間的溫度均須控管在0～5℃以下，凍結點以上（**圖4-21**）。
由於冷藏調理食品的保存期限較短，採購此類食材時，須特別注意製造日
期及有效期限。

◆冷凍食品類

　　市面上冷凍食品類很多，如水餃、包子、火鍋料、各種海鮮及肉類
等，此類食品在製造時，最重要的關鍵在於須經-40℃的急速冷凍處理。此
外，此類食品除了製造過程須對溫度嚴加控管外，在產品運送及銷售過程
中均須維持在溫度-18℃的「低溫鏈管理」，以確保冷凍食品能符合CAS規
範標準產銷運作。

(三)產銷履歷認證

　　農產品產銷履歷制度源於英國，我國則在2003年引進試辦。所謂農
產品產銷履歷是指一種從農場到餐桌所有產銷過程各環節資訊公開、透明

圖4-21　肉類冷藏溫度須控制在5℃以下

化的一種管制及驗證制度。基本上，它須符合良好農業規範（GAP）的認證，其次是建立農產品生產履歷（Traceability Agricultural Product, TAP）追蹤體系，可提供消費者查詢台灣農產品相關資訊，讓消費者能安心購買（圖4-22）。

圖4-22　TAP產銷履歷農產品標章

學習評量

一、解釋名詞

1. 市場調查
2. 採購預算
3. GHP
4. 訂購點
5. 協議價格
6. Food Miles
7. EOQ
8. AP Price
9. Primary Source
10. Intermediary

二、問答題

1. 採購市場調查有何重要性？試述之。
2. 如果你是觀光餐飲採購專家，當你想要在市場上採購牛排時，你會如何來進行市場調查工作，試述你的作法。
3. 採購數量預算編製的原則有哪些？試述之。
4. 何謂「ABC物料價值分析法」？試舉例說明之。
5. 何謂「適當的品質」？試述其意義及應備的特質。
6. 餐飲採購規格標準制定時，須遵循哪些原則試摘述之。
7. 一份完備的餐飲物料採購規格，其基本內容須包括哪些項目？試列舉之。
8. 影響採購數量的因素有哪些？試述之。
9. 餐飲物料存量控制的方法當中，你認為哪一種方法比較好。為什麼？
10. 揚智咖啡廳每天營運所需咖啡平均約20磅，廠商自訂貨到交貨時間為2天，試求其訂購點及安全庫存量。
11. 揚智西餐廳每一個月訂貨一次，每月平均消耗紙巾90箱，經定期

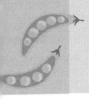

盤存後，現有庫存僅剩7箱，廠商交貨運送須2天，如果現在要訂貨應該訂購多少箱較適當？

12.影響餐飲採購價格的因素有哪些？試摘述之。

13.餐飲採購價格預估的方法當中，你認為哪些方法較好？請申述之。

14.餐飲物料自產地再經歷各層通路之後，其價格貴了很多，有人說：「錢都被通路商賺走了。」你認為此說法是否客觀正確？為什麼？

15.如果你是採購專家，請問你將會如何來選擇理想的供應商？試申述己見。

Chapter 5

餐飲採購的方法

單元學習目標

- 瞭解現代餐飲採購的方法
- 瞭解報價採購的意義與種類
- 瞭解公開招標採購的作業程序與步驟
- 瞭解議價採購的意義與作業要領
- 瞭解市場採購的意義與特性
- 瞭解中央集中採購的優缺點
- 瞭解倉儲式採購與合作式採購的特性
- 培養良好的餐飲採購能力

由於每家餐飲企業規模大小不同，營運性質互異，因此所需採購之物資種類與方法也不盡相同。一般而言，目前餐飲企業所採用的採購方法，概可分為報價採購（Quoted Purchase）、招標採購（Bid Buying）、議價採購（Negotiated Buying）、市場採購（Public Market Buying），以及其他方式的採購。無論採用上述哪一種方法，它僅供作為採購工具，至於如何發揮預期的功能，則端視採購人員如何加以靈活運用而定。

第一節　報價採購

目前一般餐飲業之採購方法雖然很多，不過以報價採購較廣為業界所採用，此種採購方法是最簡易、便捷有效率的交易方式，因此較受歡迎。

一、報價採購的意義

所謂「報價採購」，另稱「詢價比價採購」（Quotation Sheets），係指餐飲業者擬購買貨品時，先尋找理想供應商或貨源約三至四家，再向其詢價或寄出徵購函，請其寄上報價單或以口頭、電話先正式報價，然後再由餐飲業者根據各廠商的報價單來加以比價，以選定心目中所要的供應商，作為物料採購的對象，此方法稱之為「報價採購」，係屬於公開競價式的採購方式。

餐飲業詢價用的報價單（**表5-1**），其內容包括品名、規格、單位、數量、價格、交易條件及有效期間。有時賣方為求取得買方之信任，會主動提出信用調查資料供參考，有時也會寄上樣品、目錄及說明書，如果廠商報價內容買方完全同意，此項報價採購買賣契約即算成立。

二、報價採購的種類

報價採購之責任與約束力，端視要約內容而定。由於要約內容不同，報價採購之種類亦異，但主要可分為下列幾大類：

表5-1　報價單範例

報價單													
											頁數： 編號：		

廠商名稱：＿＿＿＿＿＿＿＿＿　統一編號：＿＿＿＿＿＿＿　連絡人：＿＿＿＿＿＿＿＿
廠商地址：＿＿＿＿＿＿＿＿＿＿＿＿＿＿＿＿＿＿＿＿＿＿＿＿
廠商電話：＿＿＿＿＿＿＿＿　傳真電話：＿＿＿＿＿＿＿　行動電話：＿＿＿＿＿＿＿
報價有效期限：＿＿＿＿＿＿＿＿

採購編號	採購物料			廠商報價（甲）	廠商報價（乙）	廠商報價（丙）	擬定		廠商訂購金額	交貨時間	應交數量	交易條件	備註
	品名	規格	單位				數量	單價					

總經理：　　　　物料主管：　　　　採購單位：

(一)確定報價

所謂「確定報價」（Firm Offer），係指某特定貨品的價格、數量在某特定期限內才有效的報價方式。即在有效期內，賣方所提貨品價格、數量為買方所接受，此種交易行為即告成立。若是逾期對方（買方）在接受此報價時，尚附有條件者，則原有確定報價即告失效，但是卻成為一種新的要約。確定報價是目前國際貿易中，最普遍的一種報價（圖5-1），其構成要件為品名、價格、數量與特定期間，但與報價地點無關。

(二)條件式報價

所謂「條件式報價」（Conditional Offer），係指廠商在報價時附有其他條件。由於條件內容不一，因而其型態十分複雜，分述於下：

圖5-1　餐廳進口杯皿等生財器具的採購常採用確定報價，這也是目前國際貿易中最普遍的一種報價方式

◆**無承諾之報價**（Offer Without Engagement）

此類報價一般僅可作為參考，賣方係按當天市價報價，若遇物價波動，賣方得自行調整其價格，所以這種報價寄發時，務必聲明：「本報價不受承諾之約束」或「本報價價格得按市價而增減」或「價格得隨時適時變更，無須通知」。

◆**賣方確認之報價**（Offer Subject to Seller's Confirmation）

此類報價必須經賣方確認後才算生效，此類報價較「無承諾之報價」好些，它對買方表達出交易之誠意，又可防範風險，不過若遇特殊理由，賣方可敘明原因而取消確認。

◆**優先銷售之報價**（Offer Subject to Prior Sale）

這種報價對賣方較有利，即賣方以一批貨同時向兩家以上顧客報價，如果其中有人先接受此報價，則後到顧客，對已售之貨品即自動失效。

◆**買方同意後之報價**（Offer Subject to Buyer's Approval）

此類報價又稱「許可退貨之報價」，即買方須看到貨品滿意後才成立之報價方式，這種報價對賣方極不利，因此甚少為人採用。

◆其他

條件式之報價除上述外，尚有賣方為防範因貨物無法如期供應時所附加之各種條件限制，如「貨物安抵時才有效」之報價，或「獲得輸出許可證才有效」之報價等等。

(三)還報價

「還報價」（Counter Offer），事實上是一種討價還價之方式，是指買方對賣方報價單所提交易條件、產品品質規格、付款方式均甚滿意，唯嫌價格太高，乃要求對方減價。但這種還報價必須賣方接受後交易行為才告成立，如賣方不同意減價，則交易仍無法成立。

(四)更新、再複與聯合報價

◆更新報價（Renew Offer）

係指報價有效期間已過，以同樣交易條件重新另外再報價。

◆再複報價（Repeat Offer）

係指買方要求賣方依照上次該貨品成交條件報價之。

◆聯合報價（Combined Offer）

是一種帶有附帶條件之報價方式，如「非全購即不賣」。

三、一般報價的原則

報價乃是今天商場上交易最普遍且最常用的一種採購方式，目前各地廠商所採用之報價單名稱不一，計有：Quotation、Estimate、Proforma Invoice、Offer Sheet等四種，但其內容與報價原則卻大同小異。茲將目前一般報價原則分述於後：

1. 報價單上可附帶任何條件，這些附帶條件之重要性與主要項目一樣，常見之附帶條件如：「本報價單有效期間至○○○○年○○月有效」、「本報價單僅限該批貨售完為止有效」等等。
2. 買方對於報價單內容一旦同意接受，則事後不得將它退回或毀約。

易言之，報價單所列附帶條件經接受後不得撤回，此乃國際貿易之慣例。

3.報價單之效期，須以報價送達對方所在地時始生效，並不是以報價人之報價日期為基準。

4.報價之後尚未被買方接受時，賣方可撤回其報價。

5.報價單若超過報價規定接受期限，則此報價即自動消失其效力。

第二節　招標採購

現代企業經營的大型國際連鎖餐飲企業或大規模連鎖餐飲業，由於所需物料數量龐大，為求穩定服務品質及成本控管，對於金額龐大，數量多的設備、物料或消耗用品，有時會採此公開招標的競價方式來採購；至於公營餐飲企業，如果採購物料金額在定額（通常為10萬新台幣）以上，則規定須以招標方式來採購。

一、公開招標採購的意義

所謂「公開招標」，又稱「公開競標」，它是現行採購方法當中最正式且常見之一種。這是一種按規定的條件，由賣方投報價格，通常須有三家以上廠商投標才可，並擇期公開當眾開標比價，以符合規定的最低價者得標之一種買賣契約行為。

公開招標之採購具有自由公平競爭的優點，可以使買者以合理的價格購得理想物料，並可杜絕徇私、防止弊端，不過手續較繁瑣費時，對於緊急採購與特殊規格之貨品無法適用。此外，公開招標僅考慮到價格，對於物料品質較難以掌握，因此將來交貨的驗收工作應特別小心。通常中小型私人餐飲企業較少使用。

二、公開招標採購的程序

公開招標採購必須按照規定作業程序來進行，一般而言，招標採購之程序可分下列四大步驟：即發標（Invitation Issuing）、開標（Open

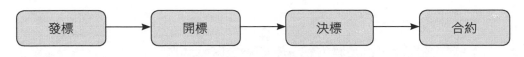

圖5-2　招標採購的程序

Bids）、決標（Award）、合約（Contract）等四階段（**圖5-2**）。茲分述於後：

(一)發標

發標之前，須對採購物品之內容，依其名稱、規格、數量及條件等詳加審查，若認為沒有缺失或疑問，即開始製發標單、刊登公告，並開始準備發售標單，供廠商領標單。

(二)開標

開標之前須先做好事前準備工作，如準備開標場地、出售標單，然後在開標現場再將廠商所投寄的標單信封啟封，審查廠商資格，若沒問題再予開標。易言之，開標作業須先開「廠商資格」標，後開「價格」標。

(三)決標

開標之後，須對各投標廠商的報價單所列各項規格、條款詳加審查是否合乎規定，再舉行決標會議公布決標單並發出通知。

(四)合約

決標通知一經發出，此項買賣即告成立，再依招標規定辦理書面合約之簽訂工作，合約一經簽署，招標採購即告完成。

三、公開招標採購的技術

(一)理想招標單應具備的特質

理想之招標單必須具備具體化、標準化、合理化等三項基本原則，否則整個標購工作將弊端叢生，前功盡棄。一般而言，一份理想的招標單至

少須具備下列幾項特質：

1.能夠釐訂適當的標購方式，不要指定廠牌開標。

2.規定要明確，對於主要規格開列須明確，次要規格則可稍富彈性。

3.所列條款務必具體明確、合理，可以公平比較。

4.投標須知及合約標準條款能隨同招標單發出，內容訂得合情合理。

5.招標單格式合理，發標程序制度化、有效率。

(二)招標採購應注意的事項

1.品名是否明確、標購物品所列名稱是否採用標準名稱、物品名稱書寫是否有筆誤。

2.品質、規格是否適合本身營業之需，並瞭解主要規格與次要規格之作用。

3.注意數量，瞭解各種計量單位，如噸、毛重、淨重等之計算與換算方法，力求準確。

4.考量包裝方法及條款是否適宜。

5.交貨日期必須明白訂定，並避免使用含糊不清之用語，以免屆時發生不必要之糾紛與困擾。根據國際採購之慣例，國外裝船之期限即交貨期限，而不是抵岸日期，此點務必注意。

6.必須確定價格，若價格不確定或訂有浮動條款（另稱成本補償條款），計價基礎不統一，則各標價格高低難定，無法公平比價。例如計價基礎係以船上交貨價格（FOB）、運費在內價格（C&F），或保險運費在內的起岸價格（CIF）等計價方式，務必明確記載，因為CIF之價格較C&F與FOB之價格要高很多。

四、招標單的格式

一般而言，招標單採用的格式有兩大類：三用式標單及二用式標單兩種；其中以前者用途較廣，也較為人所採用。

所謂「三用式標單」，係指一份標單中包括招標單、投標及合約三種用途。買方將擬採購之物品名稱、規格、數量、條款等列在招標單中（**表**

最低標vs.最有利標

　　現行採購法為確保採購品質，希望在公平、公開的招標採購程序中能得到所需最理想的標的物，乃明文規定決標方式，除了可依現行招標採購，以「最低標」決標外，尚可採用「最有利標」之方式來決標。其目的乃在避免廠商因低價搶標，而影響採購標的之品質造成採購瑕疵。最有利標之立法精神係在未超過採購金額原預算之前提下，挑選出品質最佳之供應商，其優點為價格與品質均能兼顧，而非僅考量採購價格一項而已。

5-2），而投標廠商將其所報價格及條件分別填在投標單各欄及價格欄後簽章投入標箱，經買方審核認可後，將合約各欄予以填註，並經負責人簽章後即構成合約。

表5-2　招標單範例

招標單					
投標日期　　年　　月　　日					
發標人： 地　址： 電話或手機： 傳　真：					
開標日期：　　　　　　　　　　開標地點： 交貨日期：　　　　　　　　　　交貨地點： 運送及包裝方式：　　　　　　　付款辦法：					
編號	品名及規格	數量	單位	單價	總價
廠商：＿＿＿＿＿＿＿＿＿＿＿＿＿					

第三節　議價採購

　　餐飲業所需之物料貨品種類繁雜，規格性質不一，何況有些物料不但難以規格化，甚至無法以文字、圖表來形容，只有現場議價採購一途，例如生鮮魚貨、餐具杯皿即是例。此外，有時需作緊急採購以應急，凡此種種因素均非前述公開競價採購法所能予以克服，因此不少餐飲業者，尤其是小型獨立餐飲業者除了市場採購外，最喜歡此種議價採購法。

一、議價採購的意義

　　議價採購是針對某項採購物品，如某品牌物料，以不公開方式與廠商個別進行洽購並議訂價格的一種採購方法。由於價格之擬定係雙方磋商後訂定，故又稱為「雙方議價法」。

　　美國採購學者亨瑞芝認為，議價比公開招標更易接近理想價格，因為各種採購之細節與內容，均可在雙方磋商過程中得以解決，進而取得最適當之價格，同時由於公開競價手續繁瑣，且過於重視價格基礎，對於緊急採購或特殊規格物品採購較難以適用。

二、議價採購的優缺點

(一)優點方面

1.議價採購最適於緊急採購，它可及時取得迫切需要之物品，此為其最主要優點。
2.議價採購較之其他採購方式更易於獲取適宜之價格。
3.對於特殊性能與規格之採購品，如生鮮食品、生財器具，議價採購最適宜，且能確保採購品質（圖5-3）。
4.可選擇理想供應商，提高服務品質與確保交貨安全。
5.有利於政策性或互惠條件之運用。

(二)缺點方面

1.議價採購係買賣雙方於現場進行磋商議價，此方式容易使採購人員

圖5-3　海膽等生鮮食材最適宜議價採購

有舞弊機會。

2.秘密議價違反企業公開、公平、自由競爭之原則，易造成壟斷價格，妨礙企業成長。

3.獨家議價易造成廠商哄抬價格之弊端，如單一供應商式採購（One-Stop Buying）。

三、議價採購的構成要件

民間企業通常認為議訂價格較競爭價格更接近其理想價格，且易於獲得理想品質與售後服務，因此採購大多數採用議價方式。但是公營事業大多採公開招標方式為多，若是想採用公開的議價方式，則須符合下列條件，徵得審計機關同意才可。茲將其條件分述於後：

1.同一地區，僅有一家廠商有此項獨特性物品者，又稱單一貨源採購（Single-Source Buying）。

2.一次所需採購物品，無一家能全部供應者。

3.該物品係專利品或原廠品之配件，不能以他項產品替代者。

4.各種機關相互間洽購物品者。

5.經連續辦理比價兩次,而僅有一家參加者。

6.比價採購案件屢經公告無人報價者。

7.餐飲用品急需者。

四、議價採購供應商的選擇

議價採購可選擇最理想之供應商,以提供最佳品質與價格之物品,因此若無良好供應商,自然無法進行議價工作,所以議價採購對於供應商之選擇十分重要。茲將選擇供應商應考慮的因素簡述於後:

1.以品質、價格、交貨與所提供的相關服務及售後服務作為選定供應商之要件(**圖5-4**)。

2.儘量以本地或本國產品為優先考慮。

3.對於國外購品,可選擇代理商或製造商來供應。

4.該廠商對本公司日後業務發展有助益者。

5.該廠商為信譽卓著、商業道德良好的合法廠商。

6.所選擇的廠商不會影響到公司利益或造成某種利益衝突。

圖5-4　議價採購供應商的選擇,須考慮其品質、
　　　　價格及相關服務

五、議價價格預估的方法

在國內議價採購通常是由廠商直接向買方寄出估價單報價，餐飲業者根據下列方法尋求一適當合理之價格，以供價格預估之參考：

1. 採購餐飲烹飪設備，若廠商有產品目錄或價目表者可參考之，並參酌市場行情預估之。
2. 實際從事市場商情調查，可透過同業所提供的採購資料，並實際調查比較三家以上廠商之價目表，以其平均值作為預估價格。
3. 採購食品原料可參考以往進價及市價預估之。
4. 對大宗蔬果，除了參照以往進價之外，並電詢批發市場作為依據。
5. 若所採購物資無以往相同規格資料可參考時，則以性質相似之採購物資價格資料供參考，或以政府、同業公會所訂價格來預估。

六、議價採購的步驟及應注意事項

議價採購較招標程序單純，茲將其步驟及應注意事項分述於後：

(一)議價採購步驟

步驟 1 編擬議價單寄發廠商或代理商要求報價

所謂「議價單」，係指買方將所需採購之物資名稱、規格、數量，以及交貨條件列在格式類似標單之紙上，連同議價函寄給廠商，請其在某一期限內提出報價單，然後再訂期進入洽議。

步驟 2 審查報價單

審查廠商寄來之報價單，通常必須注意下列幾點：

1. 品名、規格、品質或包裝，是否符合需求。
2. 報價是否確定，有無附帶不確實價格條款。
3. 付款條件、報價有效期是否合理。
4. 交貨期與交貨方式是否為合理要求。
5. 是否附有特別條款，如索賠、違約罰款、不可抗力等等因素，且其

內容是否合理。

步驟 3 訂期議價及簽約

買方接到賣方寄來報價單之後，經過審查之後若認為合理，即可由買方擇期議價，對於大宗特殊設備有時需要歷經多次長期磋商，分析每項條款之後才可決定，再由買賣雙方正式簽署合約，此方式又稱合約式採購（Contract Buying）。

(二)議價採購應注意事項

1. 議價採購必須指定廠牌或確定品質、規格為第一要件。
2. 議價採購必須要求供應商提供原廠報價單或價目表正本，以防止中間商不實之報價，若係影印本仍應要求對方提出原本以核對或電詢，以防中間商塗改舞弊。
3. 有些代理商為爭取生意，對買方所提條件如規格、品質、交貨期、價格等，往往未經原廠同意即一口承擔，冀圖早日訂約獲取佣金，以致日後發生糾紛。因此議價時須詳審代理商與原廠商之代理契約關係，若涉及到規格、品質、交貨期、價格等價款之修訂與變更，必須要求代理商提出原廠之承諾文件才作決定，方為穩當。

第四節　市場採購法

一般小型餐飲業由於本身營運性質與企業規模並不像其他現代大型餐飲企業，所以物料採購的方式也大不相同。事實上小型餐飲業的採購人員很少使用招標方式，大部分均以報價、議價，以及市場採購的方式為多。

一、市場採購法的意義

所謂「市場採購法」（Public Market Buying），另稱「零售採購」或「小額採購」。餐飲業者由於所需採購的物料量不多，或因本身營業性質而對於生鮮食材有特殊需求，如生猛現撈海鮮及山產野味活體（**圖5-5**），

圖5-5　生猛現撈活體海鮮的採購宜採市場採購

或因需求時間緊迫而廠商無法及時補貨等等原因，其採購人員會直接前往市場，如傳統市場、漁貨批發市場、果菜中央市場或大賣場，當場直接以現金方式採購。

二、市場採購的特性

市場採購本身具有相當的專業性、季節性、互補性、時效性及富彈性，茲分述如下：

(一)專業性

市場採購人員必須具備相當的專業知識，對於所需物料的規格尺寸及品質等級，均需有一定的認知水準與辨別能力。此外，尚須熟悉市場價格，期以最合理的價格獲取所需之物料。

(二)季節性

市場採購的物料其季節性波動很大，如新鮮時令蔬果、漁貨海鮮等往往因季節之不同而價格互異，甚至貨源之供應也不穩定。例如：秋季為蟹

類的盛產期，不僅肥美且價廉。

(三)互補性

目前一般餐飲業物料的採購除了小型餐飲業外，大部分係以市場採購作為緊急採購的補救性措施，因為市場零星採購的價格較之比價、詢價、議價等採購方式的進貨成本高，故通常僅以市場採購作為臨時救急之用，以補其他採購方式之不足。

(四)時效性

市場採購的最大優點，乃在確保所需物料能配合營運需求適時的供應。如果採用其他採購方式則在時效上有緩不濟急之虞。

(五)富彈性

市場採購的採購量較具彈性，沒有其他採購法的一定數量之限制。此外，也可同時向多家符合品質需求的供應商來進行現場議價比價，然後才決定供應商。此方式對於採購人員而言較具彈性空間，而不必受制於某特定供應廠商的束縛。

三、市場採購的優缺點

(一)優點方面

1.能確保營運所需物料得以適時供應，而不致因物料短缺影響生產製備或服務品質。
2.能選購當季最佳品質的新鮮食材或物料，以確保服務品質（**圖5-6**）。
3.能避免仲介或中間商之層層利潤剝削。

(二)缺點方面

1.通常市場採購須以現金支付。
2.市場現場所購得的物料，須自行負責搬運或安排運送工具。

圖5-6　市場採購可獲取當地當季新鮮食材

3.現場採購比較浪費人力與時間。

4.現場採購人員的專業能力與素養，會影響市場採購效益的高低。

🍎 第五節　其他餐飲採購法

餐飲業所需的設備、用具、器材及食材原料種類繁多，再加上企業本身營運規模及採購政策互異，因此其所選用的採購方法也不盡相同。除了上述各節所介紹的方法外，尚有下列幾種，摘述如後：

一、中央集中採購法

中央集中採購法（Centralization Buying），係指為確保餐飲服務品質一致性水準，以維持企業形象，並減少採購人力與物料的浪費，其所需營運物料均由總管理處統一集中採購，再將各分店所需物品由中央倉儲統籌配送。

(一)中央集中採購法的優缺點

◆優點

1.服務品質比較能維持在一定的水準。

2.可降低食品物料的進貨成本。

3.減少採購資源及人力上的浪費。

4.節省物料儲存的空間與倉儲費用支出。

◆缺點

1.由中央集中採購，各分店則欠缺自主性與彈性。

2.各分店無法發揮當地的地方特色，也難以就地利之便，獲取較新鮮之當地食材。

(二)適用對象

此類採購法較適於大型餐飲連鎖企業，如麥當勞速食連鎖餐廳（圖5-7）、Friday's及國內外連鎖餐廳之採購。

圖5-7　連鎖餐廳為節省進貨食材成本並維持一定水準的品質通常會採用中央集中採購法

二、成本加成採購法

成本加成採購法（Cost-Plus Buying），係指由廠商代買方向原廠或原產地訂購所需物料，而廠商再以其進貨成本加上固定成數利潤作為買方的進貨價。

(一)成本加成採購法的優缺點

◆優點

1.省時省力，可減少許多採購作業時間與人力的浪費。
2.所協定的抽成比率，可能比一般廠商自訂的比率低。
3.可確保貨源不會中斷。

◆缺點

成本加成採購法的缺點為廠商報價之進貨成本確實與否，不易判斷。

(二)適用對象

1.此方式適於當物價波動大、物料來源不穩定，且供應商無法以固定價格長期供貨時使用。
2.合作廠商須信譽良好，能主動提供進貨成本資料，供買方查證為前提。

三、合作採購法

合作採購法（Cooperative Buying），係指一些對某物料有共同需求的餐飲業者，為了獲取與供應商協調周旋的優勢條件，以聯合採購的方式來獲取優惠價格，減少其進貨成本，又稱為「聯合採購法」。

(一)合作採購法的優缺點

◆優點

1.大宗採購可獲得較優惠的價格與服務。
2.參與合作採購之各業者，可減少其採購作業人力、物力與時間上的浪費。

◆缺點

1.合作採購業者間之整合與意見協調較費時。

2.合作採購業者不能自行選擇供應商，須委由合作同盟來決定。

(二)適用對象

1.此類採購法適用於大型連鎖餐飲企業，如連鎖餐廳以及各種加盟店。

2.目前大型連鎖餐廳所採用的中央集中採購法即為此類合作採購法之運用模式，唯其性質稍有不同，前者是具有加盟契約約束的加盟連鎖店，後者為其合作業者間僅是業務結盟，但並非具有加盟合約關係。

四、倉儲式採購

倉儲式採購（Volume Buying and Warehousing），另稱「零庫存採購」（Stockless Purchasing），係指餐飲業者為確保貨源供應無缺，唯受到本身倉儲空間之限制，無法儲存如此大量的物料，乃與供應商交涉將大量採購進來的物料暫存於供應商的倉庫，然後依本身營運需求再分批供貨。

(一)倉儲式採購的優缺點

◆優點

1.大量採購可確保貨源充足，不虞匱乏，且進貨成本較低。

2.可解決企業倉儲空間不足之困擾。

3.節省倉儲管理費用之支出，以及物料之損耗。

◆缺點

1.大量採購會造成資金之閒置與孳息損失。

2.企業資金調度較不靈活。

(二)適用對象

適於物料需求量大而本身欠缺足夠倉儲空間的餐飲業者所使用。尤其是在物料短缺、物價高漲之經濟環境下，此種採購方法最好。

學習評量

一、解釋名詞

1. Quoted Purchase
2. One-Stop Buying
3. Contract Buying
4. Public Market Buying
5. Centralization Buying
6. Cost-Plus Buying
7. Cooperative Buying
8. Stockless Purchasing

二、問答題

1. 何謂「報價採購」？一般報價採購的原則有哪些？
2. 公開招標採購的作業程序為何？試述之。
3. 一份理想的標單，你認為須具備哪些特質？試申述之。
4. 目前一般小型獨立餐飲業者最喜歡的物料採購方式是哪幾種？為什麼？
5. 如果你是採購部的主管，你心目中認為較理想的供應商須具備哪些要件？試申述之。
6. 議價採購的步驟為何？試述之。
7. 何謂「市場採購」？並請說明其優缺點。
8. 目前國內大型連鎖經營的餐飲業，為確保其加盟連鎖店服務品質的一致性，其採購方式通常是採用哪類方式為之？為什麼？
9. 合作採購法與中央集中採購法此兩者之間的差異何在？試述之。
10. 倉儲式採購法有何優缺點？試述之。

Chapter 6

餐飲採購程序與採購合約

單元學習目標

- 瞭解餐飲採購的作業程序
- 瞭解餐飲採購作業的要領
- 瞭解餐飲採購程序控管的重要性
- 瞭解餐飲採購合約的意義與類別
- 瞭解餐飲採購合約的重要性
- 瞭解簽訂採購合約應注意的事項
- 培養餐飲採購成本控制的基本能力

　　餐飲業物料設備的採購，雖然因企業的採購政策或採購物品而有所不同，但是採購程序基本上是一樣的。本章將分別介紹餐飲物料採購的程序以及採購合約的訂定。

第一節　餐飲採購程序

　　為確保餐飲營運所需的各項物料、設備、器皿或備品，能適時、適質、適價及適量全套齊全的供應，務必要有一套高效率的採購程序始能竟功。茲將餐飲採購程序（**圖6-1**），依其流程先後順序摘述如下：

一、請購

(一)請購單位

1.物料請購單位通常係由使用單位，如餐飲部、廚房等部門，依其業務或生產銷售之需要提出。
2.倉儲部門管理人員基於本身職責會根據庫存量之多寡，向採購單位請求採購。

(二)作業要領

1.請購物料時須先知會倉儲部門，確認庫存量是否尚有存貨，因有時使用單位缺貨，但是庫房尚有。為防範此現象之發生，任何請購單均須先知會倉儲單位，確認無誤後再行申請採購。
2.請購務必先填「請購單」。一般請購單的內容計有：品名、規格、數量、價格、用途、請購日期、請購單位、需要日期及請購人簽章等項。
3.請購單內容要書寫工整，力求詳盡，以免採購物料有誤。

圖6-1　餐飲採購程序圖

二、核准

(一)准購單位

通常使用單位提出請購單後，須經權責單位主管核准。一般餐飲企業對各類採購金額，均有一定的授權標準，如經理1～5萬、總經理5～10萬、董事長10萬以上。

(二)作業要領

請購單經相關權責單位核可後，須立即送交採購單位，以便辦理採購作業。

三、詢價報價

(一)詢價單位

由採購單位以電話或詢價單向廠商詢價，再由供應商提供「估價單」或報價單。

(二)作業要領

1. 採購單位對於請購單上所列的價格，僅是一種預估參考的價格。至於實際市場價格則需以詢價單寄發廠商，或以電話、傳真給廠商要求其提供「估價單」或報價單。
2. 一般詢價單或估價單，主要內容除了應有廠商名稱、地址、電話外，尚包括：(1)品名；(2)規格；(3)數量；(4)價格（單價、總價）；(5)單位；(6)運費與保險；(7)交貨日期與地點；(8)報價有效時間。

四、決定廠商

(一)決定單位

決定哪一家廠商作為物料採購的供應商，係由採購單位負責，唯須單位主管核准。

(二)作業要領

1. 採購方法如果是以議價或報價方式為之時，則應對廠商信用及其產品服務先做調查後，再請其正式報價。通常正式報價往往會比原先詢價或報價的價格低，主要原因乃市場上廠商競爭相當激烈，為爭取生意不得不主動降價。
2. 若是公開招標，則以實際開標結果來決定廠商。
3. 廠商決定後，即要簽訂採購合約或正式下單訂購。正式訂購單會註明逾期交貨罰款條文，如逾期三天罰款為總價的1%。

五、催貨管制

(一)催貨管制單位

通常是由採購部門的專案承辦員負責此項催貨管制工作，以防範延誤交貨。

(二)作業要領

1. 管制員須每隔一定時間，以電話與供應商保持密切聯繫，以利掌控貨源。
2. 交貨前一天再以電話確認是否如期交貨。

六、進貨驗收

(一)進貨驗收單位

進貨通常是由採購單位、請購單位，以及會計或財務管理等三單位，共同派員辦理驗收工作。

(二)作業要領

1. 依據訂購單、送貨單及發票等單據之內容詳加核對其品名、數量、規格或品質是否一致。
2. 可採用抽樣方式來驗收大宗物料。

圖6-2　大宗新鮮蔬果的驗收須拆封並抽樣驗收

3.若是整箱進貨也必須拆封檢視，尤其是新鮮蔬果須由箱內底層抽驗，以防魚目混珠或夾藏次級品矇混（**圖6-2**）。

七、入庫登帳

1.物料驗收完畢，採購單位應先將物料依規定入庫儲存，至於生鮮物料則直接轉交請購單位予以冷凍或冷藏。
2.採購單位將發票以及驗收完畢的訂購單送交會計單位製作傳票，完成登帳手續。

八、付款

依合約規定付款日，由採購單位或出納將支票或現金支付供應廠商，整個採購作業始告完成。

 第二節　餐飲採購合約

當餐飲採購部門經由報價、比價、議價或招標等採購方法中決定購物對象廠商之後，即要正式下單並簽訂合約，作為日後進貨付款之法律上憑證。

一、採購合約的意義

採購合約是一種深具法律約束力之有效承諾，其合約成立之要件在於雙方合約協議與約束，且簽約之關係人須具有法定行使權力之能力才可，因此合約不單是一項約定，它必須具備下列五大要素，才能具備法律上之效力，茲分述如下：

1.須有雙方同意的證明文件。
2.簽約雙方須具有合法的權力能力。
3.合法之標的物。
4.履約之適當報酬給付。
5.簽約雙方對特定事項均表同意。

二、採購合約的類別

採購合約由於採購性質、方式之不同，因此種類甚多，茲分述於後：

(一)依時間來分

1.長期合約與短期合約。
2.定期合約與不定期合約。
3.預購合約。

(二)依地點來分

1.國內採購合約。
2.國外採購合約。

(三)依價格來分

1.固定價格合約。
2.成本補償合約。

(四)依數量來分

1.固定數量合約。
2.無固定數量合約。

(五)依權責來分

1.買賣合約。
2.供應合約。
3.承攬合約。
4.服務合約。
5.轉讓與不轉讓合約。
6.契作合約。

(六)依書面來分

1.書面合約。
2.非書面合約，如口頭、電話、傳真、電子郵件等合約。

採購達人

契作合約

　　近年來，台灣歷經多次食安風暴，引發社會恐慌，為加強食品安全衛生，乃積極強化源頭控管。許多餐廳乃與農會、產銷班、合作社或小農訂定契作計畫，簽訂契作合約，以規範契作農戶生產作物、品種、肥料、農藥、停藥期及採收等事項，確實做好源頭品質控管。

　　一般契作合約的內容計有：合約效期、生產作物、品種、土地位置、面積、費用負擔、供貨規格、品質、交貨時間、價款計算方式，以及雙方的權利義務與違約責任等項目。上述內容須事先經過雙方溝通協調並明確訂定清楚，始能避免日後產生爭議，確保雙方良好的合作基礎。

(七)其他

1.訂購單。
2.購貨確認書。

三、採購合約的重要性

採購合約實質上係指訂購單、購貨確認書、訂購合約而言。其內容係記載買賣雙方對交易所達成特定之條件，所以採購合約為記載當事人雙方之間達成協議之一種書面證據，以供日後履行契約之主要依據。

通常採購合約書文件格式可分兩種：一種係由買方製作訂貨單由賣方簽署；另一種係由賣方就其事先印好之銷售契約作為洽談基礎，一旦買方同意，簽署即成為買賣合約。因此採購合約書不但具有證據之效力，也是雙方意思表達之書面文件。茲將其重要性摘述於後：

1.買賣雙方如條件談妥，其履行合約之細節項目或條款，必須於合約書詳細記載始為完備，且具法律上之效力。
2.國外採購紛爭特多，若訂有正式合約書，更能取得法律上之保障，一旦發生爭執，可作為交涉依據。
3.可作為申請簽證結匯之依據。
4.通常雙方自合約成立至合約履行，均需一段時間，尤以長期合約為最，更須訂定書面合約，以防紛爭。
5.如遇雙方電信誤傳、誤譯，或交易條件不符，若迅速作成合約，對方可及早發現以便修正。

四、採購合約簽訂應注意事項

採購人員在簽訂買賣條款時，必須能以最明智、最適當、最迅速之判斷來處理，對於各項採購條件必須事前有周全慎密之考慮，如稍有疏忽，極易造成日後不必要之糾紛。簽訂採購合約應注意的事項摘述於後：

(一)貨品名稱

1.品名之書寫，宜採國內或全球通用名稱為原則。因同一貨品之品種及項目很多，且各地稱呼也不同，為避免混淆或發生錯誤，最好採用通俗化標準名稱為之。

2.品名之書寫務必工整，避免筆誤，以避免因一字之差導致無謂之困擾。

(二)品質及規格

1.注意物料規格及品質。因工廠水準不同，即便是使用同一批貨，其生產、貨品品質及規格仍難免有問題（**圖6-3**）。

2.注意品質釐訂方法，與品質規格不符時之查證機關、證明方法，以及不良產品的處理方法。

(三)數量

1.注意貨品的數量係採毛重或淨重。

2.假如貨品數量不足，是否訂有適當的解決方法。

圖6-3　餐飲設備的採購合約須詳列品名及規格

(四)價格

1.在價格方面應該注意有關價格條件、幣值變動及價格變化之處理方法。
2.國外採購物資更須留意匯率波動。

(五)包裝

1.包裝方法很多,有散裝、木箱、桶裝、紙箱裝、袋裝、罐裝、瓶裝或真空包裝等,注意包裝時究竟採用哪一種方式包裝。
2.特殊性能物料採用何種包裝,都應詳加註明。

(六)供應地區

1.須注意進口貨品要符合海關輸入之規定,如有些產品係管制進口。
2.有些貨品如機器設備訂約商與他國製造廠商技術合作,而非其原廠組裝之貨品,該貨品是否可以接受。

(七)交貨

須注意交貨期限與開發信用狀日期是否配合。

(八)運輸

1.運輸方法係採海運、空運或陸運,均須詳載清楚。
2.是否採一次裝運或分批裝運,如分批裝運其批次、數量及日期是否列明,諸如此類均須記載清楚。

(九)付款方法

1.付款方法是現金支付、支票支付、信用卡,或一次付清或分期付款均須列明。
2.國外之信用狀開發日期是否與裝船期相配合。

(十)保險

1.保險方式與條件是否適當。
2.保險金額是否合理，並應注意保險時效與投保手續。

(十一)重量與檢驗

1.貨品品質與數量，在合約上須詳細記載。
2.該貨品究竟由廠商檢驗或獨立公證，以及檢驗期均須詳加說明。

(十二)運費、保險費及匯率變動

1.有關運費、保險費究竟由買方或賣方支付，應在契約上詳細註明。
2.匯率變動風險亦應註明清楚，以杜爭端。

(十三)合約正面

合約日期及號碼，應詳細記載並確認是否有錯，對於合約雙方當事人名稱與地址亦應詳細記載。

五、採購合約書範例

採購合約書範例如**表6-1**。

表6-1　採購合約書範例

<table>
<tr><td colspan="8" style="text-align:center">揚智大飯店　採購合約</td></tr>
<tr><td colspan="6">下列物料經雙方訂定買賣條件如下：</td><td colspan="2">合約號碼：_____
簽訂日期：_____</td></tr>
<tr><td rowspan="2">項目</td><td colspan="2">品名</td><td rowspan="2">廠牌規格說明</td><td rowspan="2">單位</td><td rowspan="2">數量</td><td rowspan="2">單價</td><td rowspan="2">總價</td></tr>
<tr><td>中文</td><td>英文</td></tr>
<tr><td></td><td></td><td></td><td></td><td></td><td></td><td></td><td></td></tr>
<tr><td></td><td></td><td></td><td></td><td></td><td></td><td></td><td></td></tr>
<tr><td></td><td></td><td></td><td></td><td></td><td></td><td></td><td></td></tr>
<tr><td>貨價總計</td><td colspan="7"></td></tr>
<tr><td>交貨日期</td><td colspan="7"></td></tr>
<tr><td>交貨地點</td><td colspan="7"></td></tr>
<tr><td>付款辦法</td><td colspan="7"></td></tr>
<tr><td>包裝方法</td><td colspan="7"></td></tr>
<tr><td>附件</td><td colspan="7">一、圖面 ____ 張　　二、規格說明書</td></tr>
<tr><td>驗收</td><td colspan="7">1.賣方所售貨品必須限期交齊，由買方按照上列規範驗收。
2.不合規範或有損壞之貨品，由賣方取回並限期調換交齊。
3.因退換貨品所發生之費用及損失概由賣方負擔延期罰款。</td></tr>
<tr><td>延期罰款</td><td colspan="7">1.除經買方查明認為非人力所能抗拒之災禍，並確有具體證明者外，賣方須依本合約所定之日期交貨，否則每逾期一日罰未交部分貨價千分之_____。
2.因退換貨品而致逾原定交貨日期，概作延期論。</td></tr>
<tr><td>解約辦理</td><td colspan="7">1.如賣方未能履行合約逾期 ____ 日買方得自行解除本合約，並通知賣方。
2.賣方應退還所領定金並按當天銀行一般商業放款利率償付息金。
3.賣方未能履行合約應處以違約罰款，該項罰款應按未交貨品部分貨價百分之_____計算。
4.解約前之逾期罰款，賣方仍照數繳付買方。</td></tr>
<tr><td>保證責任</td><td colspan="7">賣方應覓殷實鋪保連帶保證（或提供實物擔保）賣方履行本合約各類條件，否則由保證人負責賠償買方一切損失並放棄先訴抗辯權（或處分實物）。</td></tr>
<tr><td>其他</td><td colspan="7">遇有爭執，賣方同意以買方所指定之法院為第一審管轄法院。</td></tr>
<tr><td rowspan="2">買方簽字蓋章</td><td colspan="3">賣方簽字蓋章</td><td colspan="2">賣方保證人</td><td colspan="2">對保人</td></tr>
<tr><td colspan="3">廠商名稱 _____
負責人 _____
地址 _____
電話 _____
傳真 _____
E-mail _____</td><td colspan="2">保證廠商名稱 _____
負責人 _____
地址 _____
電話 _____
傳真 _____
E-mail _____</td><td colspan="2">保證人簽章 _____
對保人 _____</td></tr>
</table>

學習評量

一、解釋名詞

1.請購單
2.估價單
3.催貨管制
4.進貨驗收
5.採購合約
6.入庫登帳

二、問答題

1.餐飲採購程序,其步驟先後順序為何?試述之。
2.餐飲請購作業的要領為何?試述之。
3.一份完整的估價單或報價單,其內容通常有哪些項目?試列舉之。
4.如果你是餐飲企業的驗收人員,當你在驗收一大批生鮮蔬果時,你會如何進行此項工作?試述己見。
5.何謂「採購合約」,其重要性如何?試述之。
6.你認為簽訂採購合約時,應當注意哪些事項?試申述之。

Part 2

餐飲採購實務

Chapter 7

生鮮食品的採購

單元學習目標

- 瞭解生鮮肉品的選購技巧
- 瞭解肉品各部位的特性與烹調上的運用
- 瞭解肉品採購規格的制定要領
- 瞭解加工及冷凍冷藏肉品的選購技巧
- 瞭解水產類生猛海鮮的選購要領
- 瞭解蛋及乳類製品的選購要領
- 瞭解新鮮蔬果的選購技巧
- 培養良好的餐飲採購能力

　　餐飲業常見的採購方法很多,各有其優缺點與適用性,並非所有的採購法均適合同一種物料的採購。對於生鮮食品物料的採購,大部分餐飲業均以報價、議價的方式為最普遍,其次再輔以市場採購等其他方法;至於小型餐飲業則較偏愛於市場現場採購生鮮食品為多。

第一節　肉類的採購

　　肉類品種繁多,如牛肉、豬肉、羊肉、禽肉等不勝枚舉。一般而言,西方人之飲食習慣較喜歡牛肉、牛排,國人在消費習慣上則較偏愛豬肉。目前餐廳採購品中數量最大宗者首推肉類,如何使顧客享受品質好、營養高、衛生安全、價廉物美之肉品,實為現代餐飲採購者之主要職責。

一、肉品的種類

　　肉品種類就其主要原料是否經過加工切割烹調調理或冷凍冷藏來區分,國內市售的肉品概可分為下列兩類:

(一)未烹調類

　　1.塊狀:生鮮或冷凍冷藏肉品,如牛、豬、羊及禽肉,以及其他經調理過的肉品,如中式火腿、醃肉、臘肉或板鴨等等均屬之。
　　2.絞碎:如生鮮或冷凍冷藏的絞肉、漢堡肉、水餃、中式香腸等。

(二)已烹調類

　　1.塊狀:西式火腿、肉脯、肉乾、醬肘子、燒鴨、烤鴨或鹽水鴨等。
　　2.絞碎:如熱狗、肉鬆、肉酥、貢丸或肉醬罐頭等等。

二、生鮮肉品的選購

　　生鮮肉品主要有牛、羊、豬及家禽等肉類。一般而言,選購豬肉應以肉色鮮紅或粉紅,帶有光澤富彈性,聞起來沒有異味者為佳;選擇牛肉則考慮瘦肉上有白色或略淡黃色大理石紋脂肪者,其肉質較細嫩,肉汁也較

圖7-1　雞肉外觀完整均勻、富彈性

豐富，此乃優質牛肉。如果肌肉組織粗大，脂肪呈黃色者，其肉質較老，肉汁也少，此牛肉等級則較差。

　　至於家禽的選擇，如購買生猛的雞鴨，應選擇兩眼有神、羽毛光澤亮麗平滑者。若是買去毛的家禽，則應選購外觀完整漂亮，肉體發育均勻，再測其彈性（**圖7-1**），觀其肉色，若缺乏彈性或顏色發紅、發青都不是新鮮品。茲分別就其色澤、組織、保水性、氣味及肉品部位的特性加以介紹，以作為選購之參考。

(一)色澤

　　品質良好的生鮮肉品，會因種類不同而呈現其特有的顏色，如豬肉鮮紅色（**圖7-2**）、牛羊肉深紅色、雞肉淡紅色、鴨肉深紅色，且都有光澤。若豬肉呈灰白或黃褐色，肉表面上有汁液流出，肉質缺乏彈性，此種豬肉即所謂「水樣肉」，是種生理與生化異常的豬肉，不宜選購作為食材。

(二)組織

　　肌肉組織的某些特性可由視覺或觸覺來判斷，通常禽畜肉的彈性將隨著屠宰後的時間增長而逐漸消失，此可藉觸覺來判斷是否有彈性。

　　至於肌肉纖維的粗細與脂肪的分布情形，可由視覺看出脂肪的分布，

圖7-2　生鮮豬肉呈鮮紅色並有光澤及彈性

對口感有較大的影響，尤其是選購牛肉或豬背脊肉（大里脊）時講究的是其橫斷面是否呈現「大理石紋」狀及成熟度而定。選購雞肉時，表皮毛囊應選擇細小者，其品質較佳。

(三)保水性

保水性是生鮮肉品之重要品質指標之一，係指肉品保持所含水分的能力。如保水性差，則陳列時會有水分滲出，使肉品表面顯得很濕，此種現象最常見於豬肉的背脊肉及後腿肉。

(四)氣味

生鮮肉品不應有阿摩尼亞、鹹味或腐臭等異味。

(五)肉品部位的特性

動物屠體各部位肉的組織與用途均不同，採購時宜先認識各部位肉的組織特性，才能買到理想的生鮮肉品。通常豬、牛肉可分為上、中及下肉，在美國牛肉則細分為八級，以Prime級為最優良。羊肉品質則可分為Prime、Choice、Good、Utility等四級。雞、鴨、鵝等禽肉主要可分胸肉、腿肉及翅膀等，其中以肌肉肥狀有光澤、富彈性且無異味者為上品。

　　所謂上、中、下肉係依其組織、脂肪含量及含筋多少而定。豬、牛前腿肉肉塊小、筋較多，適合滷；背肌肉、後腿肉脂肪少、組織細，宜炒炸；腹肋肉脂肪多、筋多，宜滷。

三、各部位肉在烹調上的運用

(一)豬肉

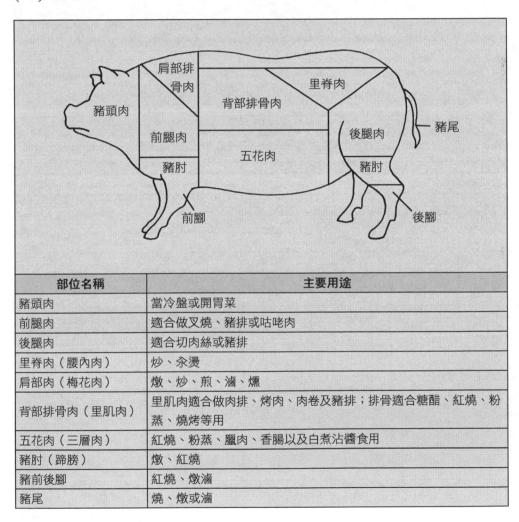

部位名稱	主要用途
豬頭肉	當冷盤或開胃菜
前腿肉	適合做叉燒、豬排或咕咾肉
後腿肉	適合切肉絲或豬排
里脊肉（腰內肉）	炒、汆燙
肩部肉（梅花肉）	燉、炒、煎、滷、燻
背部排骨肉（里肌肉）	里肌肉適合做肉排、烤肉、肉卷及豬排；排骨適合糖醋、紅燒、粉蒸、燒烤等用
五花肉（三層肉）	紅燒、粉蒸、臘肉、香腸以及白煮沾醬食用
豬肘（蹄膀）	燉、紅燒
豬前後腳	紅燒、燉滷
豬尾	燒、燉或滷

(二)牛肉

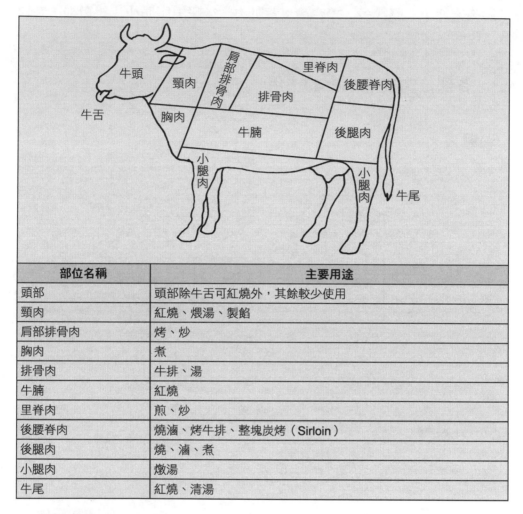

部位名稱	主要用途
頭部	頭部除牛舌可紅燒外，其餘較少使用
頸肉	紅燒、煨湯、製餡
肩部排骨肉	烤、炒
胸肉	煮
排骨肉	牛排、湯
牛腩	紅燒
里脊肉	煎、炒
後腰脊肉	燒滷、烤牛排、整塊炭烤（Sirloin）
後腿肉	燒、滷、煮
小腿肉	燉湯
牛尾	紅燒、清湯

(三)家禽肉

部位名稱	主要用途
雞胸肉、雞腿（帶骨）	油炸、滷
整隻雞或帶骨雞腿、翅膀	紅燒、清蒸、滷
雞胸肉、雞腿肉	熬湯、炸
整隻雞	烤、燉、燻

四、肉品的採購規格

目前餐飲業採購新鮮肉品的方法，大部分係透過二、三家廠商報價，再以比價方式由報價低且品質規格符合要求之廠商固定交貨，至於小型餐廳則採傳統方式前往市場現場議價採購。

目前國內一些大眾化連鎖速食餐廳，因為肉品需求量甚大，且其產品不一定需採生鮮肉品，因此往往會以採購大量冷凍肉品為主，不但衛生，較之溫體肉有保障且價格也較低。為使採購肉品品質符合餐廳本身營運所需，在擬訂採購規格時須特別注意下列幾項：

(一)品名

肉品的部位名稱必須詳列，如里肌肉、牛腱肉、雞胸肉等。

(二)產地

肉品產地不同，其肉質與價格差異甚大，務須檢附產地履歷證明，或詳加註明。

(三)等級

肉品品質的等級須以政府或商業上規定公認的品質等級來標明，如美國牛肉等級的判定根據美國農業部（USDA）標準（**圖7-3**），係以牛隻的成熟度、肋眼肌、大理石紋、脂肪含量以及牛肉顏色與組織來綜合評比，依序分為極品級（Prime）、精選級（Choice）、選用級（Select）或良好級（Good）、標準級（Standard）、商用級（Commercial）、實用級（Utility）、切割級（Cutter）及製罐級（Canner）等八級，其中以前三級較為餐廳所採用。至於商用級以下因為屠體太成熟，肉質較硬且汁液少，不適宜於餐廳供食，大部分都作為罐頭或飼料。

(四)年齡性別

如三歲以下的小公牛或小母牛、十五個月內的羔羊、三個月大的放山公雞等，因為屠體年齡性別不同，其肉質感也不同。

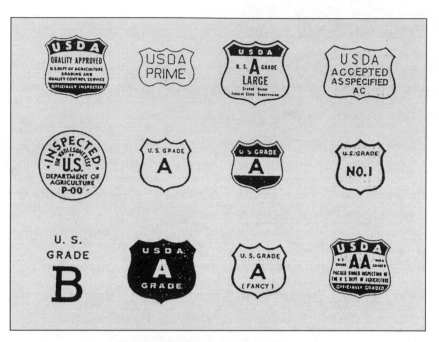

圖7-3　美國農業部肉品檢驗等級標準

資料來源：Thorner (1983), *Quality Control in Food Service*, p.43.

(五)產品規格

如肉品尺寸大小、色澤、切割方式、包裝形式、衛生檢驗認證等均是例。

(六)其他

如交貨方式、付款條件、違約處理等均屬之。

五、美國新鮮肉品的等級劃分

美國政府依其1907年訂定的「肉品檢疫法」（Federal Meat Inspection Act）即開始對所有新鮮肉品進行檢驗，唯兔肉例外。此外，再依肉品的可使用率來分級，根據「美國品質分級」，針對牛、豬肉及羊肉等級之劃分，其方式如下：

(一)牛肉品質的分級

通常牛肉在分級之前，會先依牛的生理年齡來先進行成熟度的分類，概可分為：A級：年齡在9～30個月；B級：年齡在30～42個月；C、D、E級：年齡在42個月以上。因此，牛隻年齡若在三歲半以上，其肉質將無法被納入最好的牛肉等級（Prime）當中。美國牛肉品質共分為下列八級：

◆Prime

品質最佳，肉質鮮嫩多汁，脂肪含量約8～10%，有白色結霜的油脂，風味絕佳。例如：市面上所謂「降霜牛肉」即是此等級（**圖7-4**）。此類肉品的牛隻至少須餵養穀物180天以上，始能有此等級的肉質。

◆Choice

此類肉質鮮嫩汁多，脂肪含量較Prime少一點，但至少含5%以上。此等級另區分為高、中、低三級，前二級的牛隻至少要餵養穀物150天及120天以上。最低級的Choice也須餵食穀物90天以上。一般餐飲業均採購中、高級的Choice牛肉，至於一般超市所販賣者均以最低級的Choice為多。

◆Select

此等級肉質脂肪含量至少為4%，其脂肪較不白也不結實，唯物美價

圖7-4　降霜牛肉肉質鮮嫩多汁

採購達人

牛肉熟成

　　牛肉熟成（Beef Aging），近幾年來在美食界成為熱議的話題。認為牛肉與葡萄酒一樣，須經過一段時間的熟成程序，才能增添其獨特的風味。易言之，所謂「牛肉熟成」是一種加工處理牛肉的過程，其目的乃在利用牛肉本身的天然酵素去軟化肉質，增添牛肉的嫩度（Tenderness）、風味（Flavor）及含汁性（Juicy）的序列連續過程。一般牛肉熟成可分為下列兩種：

1.乾式熟成牛肉（Dry-aged Beef）：是指將屠宰並經清理後的牛屠體吊掛或先切割成大塊，置於0℃的恆溫及50～80%的恆濕之冷藏熟成空間下來熟成。其主要目的乃利用牛肉本身所具有的天然酵素及空氣中的真菌或黴菌等微生物的交互作用，來軟化牛肉的結締組織，增進其嫩度與風味。
乾式熟成時間約需15～28天，且牛肉水分會損失三分之一左右的重量。因此，只有較高等級牛肉才會採用此乾式熟成法。
2.濕式熟成牛肉（Wet-aged Beef）：是指讓牛肉切割後，直接在真空密封包裝內熟成，並可保持牛肉的肉質水分。由於此方式熟成的時間較短，且在熟成過程中重量不會損失，其保鮮期可達75～90天。此方式既方便又符合經濟效益，因此成為當今美國牛肉熟成的最主流方式。

廉，在超市甚受歡迎。此類牛隻以放牧草飼牛為多。

◆Standard

　　此類肉品的品質與Select類似，唯風味、汁液及鮮嫩度較前者差一點。此等級的牛肉均來自牧場草飼牛。

◆Commercial

　　此類肉品大都是來自較年長者的「老牛」，如乳牛。其肉質較結實且

韌，唯另具一番風味。當然其價格更平實。

◆Utility、Cutter及Canner

此三級肉品大都是食品加工業者所選購，屬於商業等級用，其肉品均來自很老的牛隻。

(二)豬肉品質的分級

豬肉品質，依其顏色、結實度、質感、油脂及肉品結構等來劃分等級，計分為：No.1、No.2、No.3、No.4，以及Utility等五級。據研究顯示，餵養穀物的豬隻，其肉質較佳。

在美國豬肉大多數運用在肉品加工為多，如火腿、漢堡肉餡及培根等食品原料上。一般餐廳若採購新鮮豬肉，則以No.1及No.2級肉質為多，其餘等級較少採用。此特性與台灣消費市場需求的落差極大。

(三)羊肉品質的分級

在美國羊肉較之豬肉受歡迎。美國將羊肉依其顏色、質感、結實度、油花量、骨頭及肉的分量等予以評比計分為：Prime、Choice、Good及Utility等四級。

美國餐飲業的菜單上，若標示「新鮮羊肉」，其所採購的肉品，均以Prime與Choice此兩等級為多，至於較低品質的肉品如Utility等級，則作為加工食品的原料或一般便利食品使用。

六、新鮮肉品選購應注意事項

新鮮肉品選購時，除了考量肉品新鮮度外，尚需注意慎選採購場所、採購時間及肉品驗證標章，茲摘述如下：

(一)肉品特性

肉品無論是禽肉或畜肉，其質地以細嫩、有彈性、無血水及無異味者為上品。至於色澤，禽肉宜白，另稱之為白肉；豬、羊、牛之色澤則較偏紅，故稱之為紅肉。

(二)採購場所環境之選擇

肉品展售販賣場所及其營運設施設備或器皿之清潔衛生，以及銷售人員個人衛生習慣均為肉品選購前須加考量的安全衛生指標。吾人可自下列幾項來評估慎選肉品採購場所：

1. 由販賣者的言行、衣著，可知經營者的營運理念及其個人衛生習慣。
2. 販賣場所的內外環境，如場所通風、照明、牆壁是否乾淨，外圍之排水、垃圾等清理情形等。
3. 販賣場所內的設備，如陳列櫃、工作檯、砧板、刀、鈎、秤或絞肉機等是否乾淨，冷凍、冷藏食品的陳列櫃溫度控制是否得當。
4. 商品的陳列是否擺設整齊有序，生、熟食品是否分開陳列。例如澳洲有一家牛肉批發商將其肉品陳列在恆溫控制之展示櫥窗，宛如藝術精品。

(三)採購時間之選擇

零星採購肉類最好選在上午，不但新鮮又可任意挑選，或選購貼有保存期限標籤的冷藏肉。至於大批採購，一般均以冷凍食品為原則，選購時亦須注意包裝、製造日期及保存期限。

(四)注意其來源及是否經過屠宰衛生驗證

新鮮肉品來源不明者極可能是私宰肉，肉品未經政府機關衛生檢查、未蓋有檢驗印章，極可能是病豬或死豬肉，因此選購時須特別加以注意產品身分識別。

七、加工肉品選購應注意事項

1. 最好選購具有食品GMP標誌或HACCP證明之優良作業規範之肉品。
2. 注意有無完整的標示，如品名、內容物名稱及重量、食品添加物、製造廠商名稱及地址、製造日期與保存期限等等。

3.包裝的完整性（**圖7-5**），如果是
滅菌的罐頭、瓶裝及軟袋裝製品，
應注意容器是否完整，例如罐身是
否凹陷，捲封處是否有斷封、凸脣
及凸角邊緣不整齊等現象，如一旦
有膨罐現象切忌選用。

4.水煮之西式肉製品應注意包裝袋內
肉的汁液是否有混濁現象，切面不
應有空隙或空洞，發色應均勻。

5.已烹調中式肉製品，如肉鬆、肉
乾、肉酥等，其顏色應是金黃色；
肉乾則應呈淺鮮紅色，其表面應乾
爽而沒有油膩感與油臭味，肉鬆纖
維應長；肉酥不應有太多的微細粉
粒。

圖7-5　包裝完整的中式肉鬆
圖片來源：https://www.kthfoods.com/product/
product&product_id=15

6.未烹調中式傳統肉製品，如香腸、火腿、臘肉等，外表應乾燥，沒
有霉斑，且注意乾燥程度、發色是否均勻，以及肥瘦肉比率。

八、冷凍冷藏肉品的選購

1.事實上冷凍冷藏肉品在安全衛生方面，較之傳統市場上的溫體肉應
該更有保障。因為此類肉品係先經專業獸醫師檢查合格簽證後，才
得以在低溫屠宰環境下完成切割包裝，再以冷凍冷藏貨櫃車分送各
地零售點販賣，因此在安全衛生上較之溫體肉品可靠。

2.選購冷凍冷藏肉品，應注意產品包裝是否密封牢固，是否有明確製
造日期及保存期限標示，產品外觀無泛白、乾燥現象。

3.選購冷藏肉品之肉，應具紅色光澤且有彈性，至於冷凍肉品則須堅
硬，且包裝完整無破損或瑕疵。

4.冷凍食品最好以選購具有HACCP證明或CAS優良食品標誌者為佳。

5.冷凍食品若有結霜現象或商品黏在一起，則表示曾解凍過再冷凍，
此類食品新鮮度較差。

第二節　水產類的採購

近年來海產無論在中餐或西餐，已成為各大餐廳菜單中最受歡迎之主菜。由於海鮮營養價值高、脂肪低、易消化、不油膩，有些餐廳甚至完全以海產招攬顧客，因此對於水產食物之採購，除了須熟悉台灣各季節之漁獲（**表**7-1）外，更要瞭解各類海鮮的選購要領。

表7-1　台灣主要漁獲一覽表

月份	品名
1～2月	秋姑魚、烏賊、海鰻、草魚、白鱸、鯉魚、白帶魚、眼眶魚、扁甲魚、台灣馬加鰆、錦麟蜥魚、血鯛、加魶魚、直黑旗魚、白鯧、尖頭花鰭、小黃魚、大眼鯛、重點扁魚。
3月	烏賊、白鯧、海鰻、白帶魚、眼眶魚、扁甲魚參、台灣馬加鰆、錦麟蜥魚、血鯛、加魶魚、直黑旗魚、尖頭花鰭、花翅文孚魚、文蛤、砂蝦、赤鯨魚、銅鏡鯛、大眼鯛、重點扁魚。
4月	海鰻、血鯛、白帶魚、眼眶魚、扁甲魚參、台灣馬加鰆、錦麟蜥魚、加魶魚、白鯧、尖頭花鰭、花翅文孚魚、文蛤、砂蝦、赤鯨魚、小黃魚、鬼頭刀、雨傘旗魚、黃砂魚丁、長牡蠣、金線紅姑魚、貝花鰹、銅鏡魚參、大眼鯛、重點扁魚、星德小砂魚丁。
5月	秋姑魚、海鰻、白帶魚、白鯧、眼眶魚、扁甲魚參、錦麟蜥魚、血鯛、加魶魚、尖頭花鰭、花翅文孚魚、文蛤、砂蝦、赤鯨魚、小黃魚、鬼頭刀、雨傘旗魚、黃砂魚丁、星德小砂魚丁、長牡蠣、金線紅姑魚、貝花鰹、柔魚、吳郭魚、馬頭魚、銅鏡魚參、大眼鯛、重點扁魚、烏魚。
6月	文蛤、秋姑魚、海鰻、眼眶魚、扁甲魚參、加魶魚、白鯧、尖頭花鰭、花翅文孚魚、砂蝦、赤鯨魚、小黃魚、鬼頭刀、雨傘旗魚、黃砂魚丁、星德小砂魚丁、長牡蠣、金線紅姑魚、貝花鰹、柔魚、吳郭魚、馬頭魚、銅鏡魚參、大眼鯛、重點扁魚、烏魚。
7月	秋姑魚、扁甲魚參、加魶魚、尖頭花鰭、花翅文孚魚、文蛤、砂蝦、赤鯨魚、鬼頭刀、雨傘旗魚、黃砂魚丁、星德小砂魚丁、長牡蠣、金線紅姑魚、貝花鰹、柔魚、吳郭魚、馬頭魚、銅鏡魚參、虱目魚、大眼鯛、重點扁魚、烏魚。
8月	白鱸、秋姑魚、烏賊、扁甲魚參、尖頭花鰭、文蛤、砂蝦、黃砂魚丁、星德小砂魚丁、長牡蠣、金線紅姑魚、貝花鰹、柔魚、吳郭魚、馬頭魚、銅鏡魚參、虱目魚、大眼鯛、重點扁魚、烏魚。
9月	秋姑魚、草魚、白鱸、烏賊、眼眶魚、扁甲魚參、錦麟蜥魚、尖頭花鰭、文蛤、砂蝦、黃砂魚丁、星德小砂魚丁、長牡蠣、金線紅姑魚、貝花鰹、柔魚、吳郭魚、馬頭魚、大眼鯛、虱目魚、重點扁魚、烏魚。

（續）表7-1 台灣主要漁獲一覽表

月份	品名
10月	秋姑魚、烏賊、草魚、鯉魚、白鯧、白鰱、眼眶魚、錦麟蜥魚、血鯛、加魶魚、文蛤、砂蝦、雨傘旗魚、長牡蠣、金線紅姑魚、貝花鰹、馬頭魚、虱目魚、大眼鯛、重點扁魚、烏魚、黑鯧。
11月	秋姑魚、烏賊、海鰻、草魚、白鰱、鯉魚、白帶魚、眼眶魚、台灣馬加鰆、錦麟蜥魚、血鯛、加魶魚、直黑旗魚、砂蝦、赤鯮魚、雨傘旗魚、金線紅姑魚、貝花鰹、吳郭魚、黑鮪、大眼鯛、重點扁魚、烏魚、黑鯧。
12月	雨傘旗魚、秋姑魚、貝花鰹、吳郭魚、黃鮪、大眼鯛、重點扁魚、烏魚、黑鯧、草魚、白鰱、鯉魚、白帶魚、扁甲魚參、眼眶魚、台灣馬加鰆、錦麟蜥魚、血鯛、加魶魚、直黑旗魚、砂蝦、赤鯮魚。

[註]：台灣馬加鰆即市面上常見的土魠魚。

一、魚類的選購

　　魚類一般可分淡水魚與鹹水魚兩種。在國內餐廳常見的淡水魚有鱒魚、草魚、淡水七星鱸魚、鰻魚、鮭魚及吳郭魚等等；至於鹹水魚則有石斑魚、鱈魚、鮪魚、赤 魚、加魶魚及海鱸魚。不過有些餐廳卻是以河豚為號召（**圖7-6**），事實上河豚體內，尤其是其肝臟、卵巢含有劇毒，如果處

圖7-6　河豚肉鮮美，唯肝臟、卵巢有毒

理不當誤食其毒素，會造成神經性中毒，如口舌四肢發麻、皮下出血、雙眼痴呆等現象，若非擁有專業執照，不可貿然烹調料理河豚。

(一)生鮮魚類的採購要領

生鮮魚類的採購，除了河豚外，無論哪一種魚其採購要領均大同小異，茲介紹於後：

◆魚眼

新鮮的魚，其眼球飽滿、微凸並晶瑩明亮，無充血現象（**圖7-7**）；若不新鮮的魚，其眼球凹陷，呈混濁狀，眼球和眼白難以分辨。

◆魚身

新鮮的魚，魚身結實有光澤、彈性；不新鮮的魚，魚肉軟缺乏彈性，魚身有些和骨骼脫離，魚嘴則軟而鬆弛；剛死不久的魚，魚身有彈性，但魚嘴僵硬張開。

◆魚鰓

新鮮魚鰓呈鮮紅色，掀開後能回復原狀；不新鮮的魚，鰓呈暗紅或轉

圖7-7　新鮮魚眼黑白分明、無凹陷

成灰綠色，因此避免採購食用，以免引起食物中毒。

◆魚鱗

新鮮的魚，鱗片色彩熠熠，片片緊貼不易脫落，魚鰭緊貼魚身，不易拉開。如果魚鱗鬆弛、易脫落，則為不新鮮的魚。

◆魚腹

新鮮的魚，魚腹肉質飽滿且有彈性，色澤光潤，切開時鮮血斑斑；不新鮮的魚，則魚腹呈暗灰色，肉質軟化無彈性，甚至有破裂爛軟的現象。

◆魚皮

新鮮的魚，外表光潤，皮色鮮艷，花紋清晰可辨；不新鮮的魚，皮色暗淡無光，用手指按會有皺紋產生，若以清水洗滌，洗後會有破裂痕跡。

◆魚味

新鮮的魚，具有一股特殊的海藻腥味；不新鮮的魚則帶有刺鼻的腥臭味。

(二)生鮮魚類的等級

生鮮魚類的等級雖然國內並無統一分級標準，唯美國農業部則將魚類依其外觀、顏色、風味、口感、瑕疵、活體大小及產地等特質來加以評比，計區分為：A級、B級及C級等三種。一般餐飲業採購均以A級與B級魚貨為主。事實上，此三者品質均差不多，唯其外觀較美、外表無任何瑕疵，以及產地不同而已。例如：阿拉斯加的鮭魚或智利的海鱸魚等其品質較之其他產地佳，當然等級也較占優勢。此外，養殖魚之價格也不如海洋野生魚類，尤其是養殖魚的飼養方式，往往會影響其售價，如有機養殖其身價會高於其他養殖方法。

二、蝦類的選購

台灣之蝦類有龍蝦、草蝦、海蝦、溪蝦、砂蝦、劍蝦、文蝦、櫻花蝦、斑節蝦、大頭蝦、白蝦、紅蝦及青蝦等約三十多種，其中產量較多，較有經濟價值者約四至五種。選購蝦類時，須注意下列幾點：

圖7-8　鮮蝦蝦身緊結有光澤

1.蝦的外型完整、蝦體明亮有光澤，無黏稠液、無碎裂或損傷，頭部與蝦身緊結有彈性不會分離（圖7-8）。

2.鮮蝦肉富彈性，色澤亮麗光澤。新鮮草蝦的殼呈灰綠色，斑節蝦則有紅褐斑紋。

3.蝦頭上部若呈赤白或尾部有黑點，表示不新鮮。

4.蝦體若有氨臭或其他腥臭異味，均非新鮮的蝦。

5.採購斑節蝦、大頭蝦、龍蝦時，宜保持蝦體美麗的外觀，避免受損。

6.蝦經加熱處理後，若頭部呈青色或變色，均非新鮮貨。

7.若選購蝦仁最好購買當天或現場剛剝的蝦肉，其肉質要緊結富彈性。唯須避免購買整袋連水包裝的蝦仁，不僅新鮮度差，且可能經化學藥劑處理過。

8.龍蝦之選購最好是冬季時分的野生活龍蝦（圖7-9），但因量少採購不易，餐飲業者均以養殖龍蝦來供應客人為多。此外，也有業者自國外如紐澳、美國等地進口，其中以澳洲龍蝦最著名，由於進口龍蝦體型較大，且有兩隻肥美大螯，雖然肉質口感不及本土活龍蝦，但仍深受顧客所喜愛。

圖7-9　野生龍蝦以冬季時分最肥碩

三、烏賊的選購

　　烏賊係屬頭足類水產，俗稱「花枝」或「鎖管」，全球各地均可見，其種類高達五百多種，不過若以烏賊體內骨質結構而言，則可分為軟筒烏賊與骨殼烏賊等兩種。

(一)軟筒烏賊

　　此類烏賊如小卷、魷魚、槍枝烏賊等均是例。軟筒烏賊體內有透明軟體，身上有很多小斑點，會發出青綠、紫褐的螢光，全身光滑有彈性，且有白色透明感。不過當烏賊離水一死，其身上小斑點會漸漸變大，且身上顏色由白色透明逐漸呈褐色，不久再變為白色，陳腐時顏色則變為紅色。因此選購烏賊時要注意慎選顏色尚未變白呈茶褐色，且身體結實有光澤，富彈性者為佳（圖7-10）。

(二)骨殼烏賊

　　骨殼烏賊又名花枝，由於體內有一片白色石灰質骨架支撐，且其墨囊較發達，墨汁甚多，故稱之為「墨魚」。此類烏賊體較短呈圓鈍狀，肉質

圖7-10　選購烏賊以身體結實、有光澤、富彈性為佳

較多，富彈性而味鮮美，在餐廳頭足類水產當中最受歡迎，尤其是日本料理店的壽司、沙西米、天婦羅或冷盤均以此為主食。

　　選購此類烏賊或墨魚時，要注意色澤光滑略呈透明茶褐色、吸盤完整且無脫落、眼球突出、肉厚有彈性者為佳。

四、章魚的選購

　　章魚也是一種頭足類水產。新鮮的章魚外表明亮有光澤，無黏稠感，色澤呈灰白或紫色，帶有黑色斑點。選購時以魚體明亮、肉質厚具彈性、足部吸盤完整無脫落者較佳。

五、貝殼類的選購

　　貝殼類也是餐廳最常見且相當受歡迎的一種水產，如蜆、文蛤、扇貝、蠔、九孔、鮑魚等均屬之。茲將其選購應注意事項分述如下：

1.選購貝類如文蛤、蜆、扇貝（**圖7-11**）時，可以互相敲打，如果聲音清脆，有類似堅硬石頭的敲擊聲，則表示是活的；如果發出的聲

圖7-11　新鮮的扇貝肉質飽滿有彈性

　　音為空殼鈍音，則表示貝類肉已死。一般活的貝類其外殼緊合不易打開，若貝殼口張開，且有異味，則代表貝類已死或不新鮮，不可食用，以免中毒。

2.選購蠔（**圖7-12**）、牡蠣或海螺時，特別要注意其生產季節與新鮮度，應以肉質堅實、飽滿、有彈性且外形完整者為佳。新鮮牡蠣之口器邊緣為呈深青灰色，腹肚呈象牙白。至於採購最佳時機以秋冬

圖7-12　蠔、文蛤以外殼緊閉，肉質飽滿且外形完整為佳

後生蠔最為肥美。目前國內高級西餐廳或法式餐廳均會供應此道佳餚，有些係以生蠔供食，這些生蠔大部分以冷凍冷藏進口為多，因此生食時應特別注意新鮮度，以免導致食物中毒。

3. 選購鮑魚時，應先注意其外觀，以形狀完整無裂痕或裂痕少、肉質厚重者為上品。如果鮑魚外形呈馬蹄形，且有層黑色膜，則表示品質不佳。鮑魚愈大價格愈貴，如二頭鮑係指每斤僅有2隻，至於九頭鮑則表示每斤有9隻。鮑魚品質的好壞與其產地有相當密切的關係，如墨西哥車輪牌鮑魚罐舉世聞名，至於菲律賓、中國大陸之鮑魚罐，因肉質較韌，味道不出色，較不受歡迎。

4. 選購九孔時，以外形完整、肉質厚重且吸附力強者為上品，其產地均在台灣北海岸及東北角一帶。

六、蟹類的選購

目前國內餐廳最常見且受人歡迎的螃蟹，首推紅蟳，其次是菜蟳。前者因係母蟹——蟹腹臍呈橢圓，其體內充滿蟹卵，營養價值高很受歡迎；後者為公蟹——蟹腹臍呈尖形，其生命力強，性凶猛，因此肉質十分堅實鮮美，其體內雖沒有蟹卵，但卻有相當多的蟹膏，由於營養價值高且味質鮮美，故深受消費者喜愛。

近年來，國內業者也進口一些大陸大閘蟹或北美洲、澳洲及日本帝王蟹，但由於量少、成本高，大部分僅只觀光旅館或較高檔的餐廳選購作為食材。茲就蟹類選購要領分述如下：

1. 選購蟹類，以生猛野生活蟹為優先考慮。
2. 選購以顏色青、肢體完整、重量厚重及外殼結實者為佳（**圖 7-13**）。採購時，可輕輕捏壓蟹腹來辨識是否肉質結實飽滿；將蟹提舉來判定是否厚重及生猛健康，或將牠翻轉，使其腹部朝上，再觀察牠是否能立即自行翻轉回來，以鑑定其生猛度。
3. 採購冷凍的蟹，應注意其頭、腳是否脫落，且無腐臭者為佳。
4. 選購紅蟳以質重者佳，同時注意蟹膏如溢出，表示蟹黃多，此為上品。

圖7-13　蟹類以青色、厚重、外殼結實為佳

5.凡蟹有獨螯、獨目、兩目相同、六足、四足、腹下有毛、腹中有
　骨、頭背有星點或足斑目赤等，均表示有毒或帶有寄生蟲，因此不
　可選購，以免誤食。

第三節　蛋及乳製品的採購

　　蛋、乳製品為今日餐飲業不可或缺的主要食品原料，每日消費數量甚
龐大。為確保物料充分供應及品質安全，必須與供應商簽訂合約，對交貨
方式、品質及規格，均應予以詳細規定，尤其在蛋的採購規格中須詳列蛋
的用途、品質等級、大小重量及確實名稱，以便於採購。

一、蛋類的選購

　　餐飲採購人員在選購蛋時，除了考量蛋的新鮮度外，最重要的是須
先瞭解餐廳所要購買的蛋，其所需品質及用途為何，再來進行系列採購作
業，期以最少的支出來獲取最大的效益。茲就新鮮蛋的品質分級標準及選
購要領分述如下：

(一)新鮮蛋的品質分級標準

新鮮蛋的品質等級劃分，是依其外在及內在的條件來考量其等級水準的高低。

◆ **蛋的外觀條件**

1. 蛋的外殼：外殼乾淨、無破損、色澤均勻，以及蛋殼較粗糙者為上品（**圖7-14**）。
2. 蛋的大小：母雞下蛋的年齡約為六個月大到一歲半，剛會下蛋的年輕母雞其產下的蛋較小，稱之為迷你蛋（Peewee Egg），其重約1.2盎司；若將退休的老母雞其所下的蛋則較大，每粒重可達2盎司以上，屬於大型蛋。
3. 蛋的顏色：蛋殼的顏色通常是白色或淡棕色，主要原因為下蛋的母雞品種不同，羽毛顏色為白色或棕色之差別，至於其營養價值或品質並無差異。

◆ **蛋的內部條件**

1. 氣室：新鮮的蛋，其氣室較小且完整，通常氣室深度小於3mm，老的蛋氣室較大（氣室位在蛋的鈍端）。
2. 蛋白：新鮮優質的蛋，其蛋白厚而結實，且無異物。若儲存時間較

圖7-14　蛋的外殼粗糙乾淨，色澤均勻、無破損者為上品

長的蛋，其蛋白濃度將逐轉為稀淡，且會產生血片般之異物。

3.蛋黃：新鮮優質的蛋，其蛋黃圓厚，固定在中央不動，隨著儲存時間流逝，其位置稍會移動且會產生胚胎，至於不新鮮或變質的蛋，其蛋黃缺乏彈性且易破裂。

我國對於生鮮蛋品的分級尚缺統一規範。目前市面上經專業認證者計有：「EGG洗選分級包裝鮮蛋」及優良食品「CAS生鮮蛋品」。至於美國農業部已正式將新鮮帶殼蛋，依前述蛋的內外條件，劃分為：AA級、A級及B級等三級，其中以AA級品質最優，不過即使是AA等級的蛋，若再存放一週，其品質也會自動降為A級。事實上，餐飲業在蛋品的選購上，須先以符合其用途的新鮮蛋為首要考量。例如：早餐所供應的水煮蛋或杏力蛋就需採購大號蛋，至於調味或炒飯等所需蛋品則只要鮮美即可，並不一定要選購AA級的特大蛋品，始符合成本效益。

(二)新鮮蛋的採購要領

新鮮蛋的採購最好係以經專家學者認證，如CAS標章或產銷履歷農產品標章（TAP），且有品牌形象的蛋品為佳。餐飲採購人員在選購及驗收蛋品時，須特別注意下列要領：

1.一般餐廳採購新鮮蛋時，其進貨方式通常是整箱採購，包裝方式有兩種：一種是散裝，每箱淨重為22斤；另一種盒裝，每箱20盒，每盒有10粒蛋，因此選購時須特別加以註明。

採購達人

雞蛋全面洗選，逐顆噴印編號

為確保食安，杜絕劣質液蛋事件，以重建雞蛋與液蛋產業鏈管理。政府預定在西元2020年元月雞蛋全面洗選，同年七月起實施雞蛋逐顆噴印編號，液蛋原料全面採用洗選雞蛋，以杜絕黑心液蛋，確保國人飲食安全與健康。

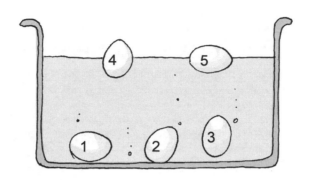

1.剛生下的蛋
2.生下一週的蛋
3.普通蛋
4.不太新鮮的蛋
5.已腐敗的蛋

圖7-15　蛋的新鮮度比重測定（於6～10%濃度食鹽水中測試）

2.選購雞蛋時，應注意蛋殼表面，如果質地粗糙缺乏光澤，即為新鮮的好蛋；反之，若蛋殼光滑發亮，即可能因儲存較久，且較不新鮮。

3.將蛋以拇指和食指挾起，使圓鈍端朝上，尖端朝下，在強光下透視，如果圓鈍端的氣室狹小，則為新鮮蛋。此外，將新鮮蛋輕輕搖晃，應無聲音發出；反之，若有聲音則非好蛋。

4.將蛋置於陽光或以燭光法（Candling）在燭光或燈光下透視，如果蛋顯得清澈透明，無混濁或黑塊現象，同時蛋黃固定不擴散，則表示係新鮮蛋；反之，則可能為敗壞的蛋。此外，也可採用6～10%的食鹽水來測定，如**圖7-15**所示。

5.儘量選購「洗選蛋」，因未經清洗或沾有雞糞的蛋，較不易久存且容易孳生細菌而腐敗。

6.蛋殼破損或有裂痕的蛋，較容易感染沙門氏細菌，不宜購買。

7.選購冷凍蛋，須先考慮其用途，如果係供作烘焙西點麵包用，則要採購已加糖的冷凍蛋，若係供烹調菜餚用，則應考慮已加鹽的蛋。

(三)皮蛋的選購

皮蛋選購時，最好挑選經認證的「優質皮蛋」，至於其採購要領分述如下：

◆蛋殼

無鉛皮蛋，蛋殼表裡一致，與生蛋沒有兩樣。而含鉛的皮蛋，其蛋殼有黑色斑點，打破後裡面有細小黑褐色斑點。

◆蛋白

　　無鉛皮蛋，蛋白是透明的黃褐色或赤褐色，若儲存一個月以上，內部會有白色的「松花」。含鉛的皮蛋蛋白呈灰色，儲存後不會產生「松花」紋路。

◆蛋黃

1. 正常皮蛋蛋黃表面呈黃色，內部為淺藍色或深綠灰色的軟固體。製成後，中心尚有一部分呈柿紅色的生蛋黃（俗稱溏心），若儲存二至三星期以上將漸縮小，終至消失，此時內部全變為深藍色或深綠色之軟固體。
2. 含鉛的皮蛋因蛋白凝固太快，表層呈暗黃色，次層為淡藍或深綠色，但中心大部分呈暗紅色，須再經兩個月以上的儲存，才會漸漸變為深綠色的軟固體。

二、鮮乳及乳製品的選購

(一)鮮乳的選購

　　鮮乳係具乳白色光澤的液體，其營養價值甚高。一般市面上常見的鮮乳可分全脂、低脂、脫脂等三種，此外尚有一種強化乳，係於鮮乳中添加其他營養素，如高鈣鮮乳即是例。其採購要領為：

1. 選購鮮乳首先觀察顏色，鮮乳色澤純白有光澤；若膩白光澤中摻有幾分淡黃，則已開始腐敗；若呈灰白或暗黃，則腐敗程度嚴重，不可飲用。
2. 選購包裝良好，有鮮乳標章（**圖7-16**），無破損、無分離且無沉澱現象之鮮乳。
3. 鮮乳若如水狀，表面有凝結固體，且有醋味，表示鮮乳已變酸。
4. 將鮮乳滴在指甲上，若成球

圖7-16　鮮乳標章

形表示新鮮，滴下後若立即散開則已變質；或者將鮮乳滴在水裡，下沉且不散開的則是鮮乳。

5.選購時，最重要且最簡單的就是看清楚該品牌鮮乳的製造日期及保存期限。

6.鮮乳之選購除了應考量上述要領外，尚須考慮鮮乳用途是否能符合本身需求，例如係作為調配沖泡卡布其諾咖啡鮮乳泡沫，則務必購置全脂鮮乳；若僅供作為一般咖啡奶精用途者，則可選購其他替代品，如奶水或奶精，並不一定要用鮮奶。

(二)乳製品的選購

◆乳製品的種類

乳製品是指以乳類為原料經加工、調配、製造過程所製成的產品。目前市售乳製品極多，常見者有脫脂乳粉、全脂乳粉、調味乳粉、乳油、煉乳、乳酪、調味乳、發酵乳、合成乳及冰淇淋等等。茲將餐廳常見的乳製品介紹如下：

1.發酵乳：係指以乳為原料，加入乳酸菌經發酵調味之食品。液狀的如養樂多等；半固狀如優酪乳、優格、乳果等。

2.調味乳：係指以50%以上的牛乳為原料，添加調味料、香料等製成之食品，如果汁牛乳、咖啡牛乳等皆是。

3.乳油：又稱鮮奶油（Cream），係餐飲業最常使用的一種乳製品。一般市面上的奶油可分兩種：一種是沖調咖啡用的奶油；另一種為西點裝飾用的打泡沫奶油。

4.乳酪：另稱牛油（Butter），係以生乳分離出的乳油為原料，再經殺菌攪拌等作業程序，製成脂肪粒再予以煉壓而成。一般西餐廳常用於製作酥皮及甜點等點心類（**圖7-17**）。

5.乾酪：另稱起士（Cheese），係西餐中極常見的一種乳製品。乾酪係以牛乳或羊乳經天然發酵製作而成，一般可分天然乾酪及再製乾酪等兩種。

6.乳粉：自乳中除去水分後濃縮乾燥之粉末乳品，有脫脂乳粉、全脂乳粉、調味乳粉及特殊用途乳粉。

圖7-17　西餐廳常用乳酪製作酥皮及甜點

7.煉乳：係一種濃縮牛奶製品，一般可分加糖煉乳與不加糖煉乳等兩
　種。

8.冰淇淋：以牛乳為主體，如以生乳或鮮奶加砂糖、香料、雞蛋等調
　製凍結而成，種類極多，如香草或草莓冰淇淋等。

◆ 選購乳製品的應注意事項

1.品名、產地、製造日期與保存期限、營養標示、商標，以及內容物
　成分或含量等，均須標示清楚。

2.包裝方式，如盒裝、罐裝或桶裝，均須符合採購要求。此外，容器
　要潔淨無破損。

3.不購買品質可疑、貨源不明，或過期的乳製品。

4.成品應儲存或陳列在適當溫度下，如發酵乳、乳酪應儲放於5℃以下
　之冷藏設備中。至於冰淇淋應儲藏於-18℃的冰箱冷凍庫中，若儲存
　不當則易變質腐敗。

 ## 第四節　新鮮蔬果的採購

台灣位居亞熱帶，因受海洋氣候的影響，四季如春，最適宜各類蔬果

的生長。目前台灣蔬果種類多，產量豐富，不過餐廳在選購蔬果時，須先擬訂採購標準規格，儘量選用季節性蔬果（**表7-2**），不但貨源充足且價廉物美，並且最好與有信用且經認證的殷實農家或產地長期合作，以確保貨源與品質之穩定供應。

一、蔬菜類的選購

蔬菜的種類繁多，如菠菜、高麗菜、花椰菜、結球萵苣、西洋芹菜、空心菜、芥藍菜、冬瓜、竹筍、南瓜、茄子及蘿蔔等。一般來說，深綠色的蔬菜，營養價值較高（**圖7-18**），選擇蔬菜最好以「有機蔬菜」為首

表7-2 台灣蔬菜生產期一覽表

月份	品名
1～2月	茼蒿、花椰菜、番茄、白菜、菠菜、芹菜、冬筍、韭菜、青蔥、茄子、豌豆、青椒、白蘿蔔、青蔥、菜心、胡蘿蔔。
3月	白蘿蔔、青蔥、韭菜花、菜心、甘藍、白菜、芹菜、菠菜、莧菜、萵苣、花椰菜、胡瓜、茼蒿、南瓜、番茄、菜豆、紅鳳菜。
4月	韭菜花、白菜、甘藍、芹菜、菠菜、青蔥、甘藍、莧菜、萵苣、韭菜、花椰菜、胡瓜、蘿蔔、南瓜、絲瓜、苦瓜、茄子、番茄、青椒、菜豆。
5月	白蘿蔔、胡蘿蔔、青蔥、韭菜花、甘藍、白菜、芹菜、菠菜、莧菜、萵苣、花椰菜、胡瓜、南瓜、冬瓜、苦瓜、絲瓜、番茄、茄子、青椒、菜豆。
6月	白菜、白蘿蔔、胡蘿蔔、青蔥、韭菜、竹筍、甘藍、芹菜、莧菜、萵苣、胡瓜、冬瓜、絲瓜、苦瓜、茄子、番茄、青椒、菜豆。
7月	芹菜、白蘿蔔、胡蘿蔔、青蔥、韭菜、韭菜花、竹筍、甘藍、白菜、莧菜、鹹菜、胡瓜、冬瓜、絲瓜、苦瓜、茄子、青椒、菜豆、豇豆。
8月	白蘿蔔、白菜、芋頭、青蔥、韭菜、韭菜花、竹筍、甘藍、蕹菜、芹菜、莧菜、花椰菜、胡瓜、冬瓜、苦瓜、茄子、青椒、豇豆。
9月	白蘿蔔、白菜、芋頭、青蔥、韭菜、花椰菜、茭白筍、竹筍、蕹菜、芹菜、綠葉甘藍、莧菜、萵苣、胡瓜、冬瓜、絲瓜、苦瓜、茄子、番茄、菜豆、豇豆。
10月	白蘿蔔、白菜、青蔥、洋蔥、韭菜花、茭白筍、甘藍、竹筍、芹菜、菠菜、莧菜、茼蒿、萵苣、花椰菜、胡瓜、絲瓜、苦瓜、茄子、番茄、青椒、菜豆。
11月	白蘿蔔、冬筍、芋頭、洋蔥、青蔥、韭菜、菜花、茭白筍、竹筍、白菜、甘藍、菜心、芹菜、菠菜、莧菜、茼蒿、萵苣、花椰菜、胡瓜、冬瓜、苦瓜、茄子、番茄、青椒、豌豆、菜豆、菱角。
12月	白蘿蔔、胡蘿蔔、芋頭、韭菜花、冬筍、白菜、甘藍、芹菜、菠菜、莧菜、茼蒿、萵苣、花椰菜、胡瓜、冬瓜、茄子、番茄、青椒、豌豆、菜豆、菱角。

圖7-18　餐廳常見的花椰菜與各類蔬菜

選，且附有農藥檢驗合格證明及產銷履歷農產品標章（TAP）者，並要注意下列幾點：

(一)葉菜類

如菠菜（**圖7-19**）、青江菜、芥藍菜、空心菜、大白菜、高麗菜等，此類蔬菜應選擇菜葉肥大鮮翠，葉面光潤、有彈性，並注意葉莖部是否有腐爛現象。

圖7-19　葉菜類應挑選肥大鮮翠，葉面光澤、有彈性

(二)根菜類

如蘿蔔、番薯等,應挑選結實、飽滿、厚重、表皮平順且水分多者(圖7-20)。

(三)果實類

如冬瓜、茄子、番茄、絲瓜等,應選擇顏色鮮明、果體堅實挺直、外表完整且無斑點者為佳;番茄若含蒂者較新鮮;茄子的萼片與果實連接的地方,呈白色帶綠的帶狀環,俗稱眼睛,愈大愈好,茄子也較嫩。

(四)塊莖類

如竹筍、馬鈴薯等。竹筍以鮮嫩、色白且粗大為佳;馬鈴薯應挑選無長芽、無霉點,其次再挑選飽滿結實者。

(五)種子類

如毛豆、豌豆、四季豆等,選擇表皮光滑、色澤自然、無色素跡象者。

圖7-20　根菜類應挑選結實、飽滿及表皮平順者為佳

(六)莖菜類

如韭菜、芹菜等,這類菜應選擇嫩綠新鮮、莖部挺拔結實厚重、不枯萎者為佳。此外,芹菜的莖部顏色宜淡,其口感較佳(**圖7-21**)。

二、水果類的選購

餐廳常見的水果,種類繁多,如葡萄、西瓜、火龍果、奇異果、哈蜜瓜、蘋果、柳橙、鳳梨、芭樂、香蕉及芒果等均是台灣常見的水果。選購要領除了考量產地及是否為有機種植外,尚須注意下列幾項原則:

(一)觀察果皮外觀,力求完整,色澤亮麗

一般判斷水果的新鮮度,首先以觀察水果的表皮為第一要務(圖7-22)。注意表皮是否有腐爛、蟲咬或碰撞損傷,因為此類水果本身已受損或遭受汙染。

(二)檢視果體,果實力求飽滿堅實厚重

1.水果的果體宜大,果實要飽滿堅實而有重量感,其成熟度較佳,果肉水分也較為充盈。

圖7-21　芹菜莖部以結實厚重者為佳

圖7-22　果皮外觀力求完整、色澤亮麗

採購達人

屏東綠鑽石──綠竹筍

市面上常見的竹筍有：麻竹筍、綠竹筍、桂竹筍、孟宗竹筍、烏殼綠竹筍及箭筍等多種。其中以屏東盛產的綠竹筍為最清爽順口，是夏天涼拌的好滋味。綠竹筍之所以得名，主要原因是因為其筍桿尖端有一小片三角形突出，出土後即轉為綠色，故稱為「綠竹筍」。

2.部分水果可藉拍擊聽聲來鑑別果實的含水量及成熟度。例如西瓜、蘋果可藉手指輕輕彈擊或拍打果體，再由其所發出的聲音是否清脆來判定果實是否過熟，若回音清晰清脆則為上品；反之，若聲音低沉混濁，則為過熟或水分不足之劣質品。

3.觀察果體之果頂或蒂頭。例如芒果蒂頭處尚有汁液者則為新鮮之上品（係在果樹上成熟後，才摘下之果實而非催熟）；若是甜瓜則視其果頂是否寬大平整，此為較成熟的上品，另甜瓜俗稱美濃（Melo）；至於蓮霧之果頂上萼片，則挑選愈分開者品質愈佳（圖7-23）。

圖7-23　蓮霧的果頂上萼片愈分開，品質較佳

(三)果香濃郁迷人者為上品

任何水果均有其獨特的果香，尤其是成熟的美味水果，如香蕉、香瓜、甜瓜、芒果、蘋果、水蜜桃及葡萄等季節性水果均有其特定的香味，果香濃郁者為上品。

(四)慎選時令、季節之水果

台灣位居亞熱帶，四季水果產量甚豐，唯須挑選當季之時令水果較佳，不僅較鮮美，且價格也較便宜（**表7-3**）。

表7-3　台灣水果生產期一覽表

月份	品名
1～2月	葡萄、鳳梨、檸檬、木瓜、楊桃、椪柑、番石榴、棗子、柳丁、草莓。
3月	柳丁、鳳梨、椪柑、桶柑、檸檬、木瓜、枇杷、楊桃、李子、番石榴、蓮霧、香瓜、西瓜、梅子。
4月	西瓜、鳳梨、檸檬、木瓜、枇杷、楊桃、李子、番石榴、蓮霧、香瓜、梅子、桶柑。
5月	鳳梨、木瓜、檸檬、荔枝、枇杷、楊桃、李子、番石榴、蓮霧、芒果、桃子、香瓜、西瓜、梨子。
6月	西瓜、鳳梨、檸檬、木瓜、荔枝、李子、梨子、番石榴、蓮霧、芒果、葡萄、桃子、香瓜、蘋果、香蕉。
7月	荔枝、鳳梨、香蕉、檸檬、木瓜、龍眼、楊桃、梨子、番石榴、蓮霧、芒果、葡萄、桃子、鳳眼果、香瓜、西瓜、蘋果、火龍果。
8月	鳳梨、白柚、紅柚、文旦、柿子、檸檬、木瓜、龍眼、楊桃、梨子、番石榴、蓮霧、釋迦、芒果、葡萄、鳳眼果、香瓜、西瓜、火龍果。
9月	文旦、鳳梨、椪柑、檸檬、木瓜、柿子、楊桃、梨子、番石榴、釋迦、香瓜、西瓜、龍眼、白柚、紅柚。
10月	釋迦、文旦、鳳梨、椪柑、檸檬、木瓜、柿子、楊桃、梨子、番石榴、香瓜、西瓜。
11月	鳳梨、椪柑、檸檬、木瓜、梨子、番石榴、香瓜。
12月	鳳梨、棗子、椪柑、柳丁、檸檬、木瓜、楊桃、梨子、番石榴、香瓜。

你不可不知的有機食品

所謂「有機食品」（Organic Food），係指餐飲食品如蔬果、禽肉、牲畜、海鮮及蛋乳類等食材，在養殖、種植、生長、加工製備及包裝環境控管中，沒有加入化學藥劑、化學飼料或化學肥料，且其生產環境，如水源或土壤也未受人為汙染或未含超量有害人體的重金屬等之優良天然食材。例如：市面上常見的有機認證標章的食材即屬之。目前全台有機認證合格的農戶總數及有機面積最大的縣市首推花蓮縣，堪稱「全台有機第一大縣」。

有機認證標章

(五)勿選購廉價水果

水果商有時會將過熟或有瑕疵的水果，以低廉價格傾銷拋售。由於此類水果不易久存，極易腐壞，並不適於餐飲業營運所使用。此外，也要避免大量採購，以免水果敗壞。

第五節　新鮮水果選購祕笈

為符合綠色採購原則，餐飲採購人員在選購水果時，除了考量水果的新鮮度外，還要考量是否為當地當季所生產的時令水果。此外，餐飲採購

人員又如何能在眾多水果當中挑選符合該餐廳營運需求品質的水果呢？茲將市面上常見的水果選購要領摘述如下：

一、西瓜的選購

西瓜的選購要領，須遵循下列四點：

(一)看瓜皮

西瓜的表皮上紋路越粗大、平滑、整齊、清晰者品質越好，西瓜瓜皮黃色部分為接觸地面所造成，該部位面積越小越好，西瓜的口感與甜度也較佳。

(二)看瓜帶

西瓜的瓜帶若形狀稍彎曲，色澤呈青綠，則較新鮮，其養分也較充足，品質也屬上選；反之，若瓜帶較直且乾枯變黃，則其品質較差，較不新鮮，也可能是死藤瓜。

(三)看瓜臍

所謂「瓜臍」是指西瓜開花花瓣的位置，西瓜的瓜臍以平滑者為上選；若瓜臍越大，或越凹凸不平整者，其瓜皮較厚，品質也較差。易言之，西瓜的瓜臍略呈微凹狀，且其瓜臍越小越好，該西瓜不僅瓜皮較薄，其甜分及成熟度也較高。

(四)聽聲音

挑選西瓜應考量餐廳需求，通常要選購「熟瓜」而不要買「生瓜」。成熟的西瓜不僅甜度高，口感也較好，呈蓬鬆瓜肉，俚云「較沙」。

挑選的要領為：一隻手提起西瓜，另一隻手輕拍或輕彈西瓜，若西瓜發出渾厚的「嘭嘭」聲音，且手感覺震動者，則表示該西瓜為成熟的好西瓜（**圖7-24**）；反之，若輕彈或拍擊，其發出的聲音為輕脆的「鏘鏘」聲，則表示該西瓜為生瓜，尚未成熟，肉質也較緊繃。

圖7-24　西瓜可藉彈擊、聽聲來判斷品質優劣

二、柚子的選購

柚子的種類，市面上以文旦柚、白柚及紅柚等較為常見，其選購要領大致一樣，摘介如下：

(一)看柚皮

柚子外皮光滑、有光澤者較新鮮；若柚皮有刮痕、破損或起皺者，則為次級品。

(二)看大小

一般而言，柚子顆粒體型較大者，在樹上所接受的日照度也較多，當然營養分及甜度也較佳。

(三)掂重量

柚子以果肉細嫩多汁為上品。至於挑選要領為：手拿兩個體型大小差不多的柚子，上下掂一下重量，較重者表示果肉較多汁，口感也較佳。若掂起來重量輕，即便顆粒大，也屬次級品。

(四)看外型

除了白柚及紅柚外，一般文旦柚的挑選要領：以上尖下寬，頸短底平的柚子為佳。如果柚子的頸部太長，則表示其皮厚肉少。因此最好選擇頸短、扁圓形、底部平的柚子。

(五)看顏色

柚子挑選時，尚須注意觀察柚子表皮的顏色，以黃色為佳，避免挑選青綠色外皮的柚子。因為黃色外皮的柚子大部分在樹上已成熟了，此種柚子風味可口宜人。

三、柑橘的選購

椪柑及橘子類的選購要領如下：

(一)摸硬度

柑橘類的挑選，可輕輕按捏摸其顆粒，以軟硬度適中，具彈性者為佳（圖7-25）。若果體太軟，可能柑橘過熟或放置太久了；若果體太硬，則其外皮較厚，味道可能帶酸澀味，或果肉水分較少。

圖7-25　挑選柑橘以軟硬度適中，具彈性者為佳

(二)看頂部

柑橘有公母之分，如果頂部凸出者是公橘子，反之，若頂部呈凹陷或平坦者，則為母橘子。公柑橘皮厚較不甜，母柑橘皮薄較甜。

(三)看肚臍

柑橘的肚臍其位置剛好在頂部的另一端。肚臍眼大的柑橘口感較好；反之，若肚臍眼僅一個小點般大小者，其果實較酸澀。

四、鳳梨的選購

鳳梨是熱帶地區的水果，台灣一年四季均盛產鳳梨，尤其是在南部七、八月更是盛產期。有關鳳梨選購要領如下：

(一)看外型

鳳梨底部較渾圓，果體長度勿太長。因為鳳梨的甜度，下半部較上半部所接受的養分較充足，因此，口感較甜美。易言之，就整顆鳳梨口感及甜度而言，下半部的口感甜度佳，上半部則略為遜色，甜中帶酸（圖7-26）。

圖7-26　鳳梨果皮偏黃或略帶紅色，表示果體已成熟可即食

(二)看顏色

鳳梨果皮顏色若偏綠,其熟度較生;若果皮偏黃或略帶紅色,表示其果體已成熟,可即食,不宜久存。

(三)看稜目

鳳梨果皮上的稜目大小不一,若稜目大者其口感較鬆;若稜目較小,表示果體尚未完全發育成熟,其口感也較緊實。

(四)聽聲音

以一手抓取鳳梨,另一隻手以食指輕彈鳳梨,若聲音聽起來像打鼓「咚咚」聲,表示該鳳梨品質佳。

五、蘋果的選購

蘋果在國內外市場種類很多,僅以紅富士蘋果的選購要領,摘述如下:

(一)看果皮

果皮平滑整齊有光澤,無刮損或破損現象。

(二)看大小

蘋果果體越大粒,不僅養分充沛,甜度也較高,品質為A級以上;至於較小粒的富士蘋果口感甜度雖然不差,但稱不上優質品。

(三)掂重量

手拿兩個大小差不多的蘋果,上下掂一下重量,手感較重者水分較多,果肉多汁,也較新鮮。

(四)看顏色

正宗的紅富士蘋果顏色不能太紅,最好選「條紅」為佳。所謂條狀紅

圖7-27　蘋果肚臍若凹陷深者為上品

的蘋果，是指該蘋果表皮顏色為紅中帶一些黃色調。此類蘋果為紅富士之極品，汁多、輕脆、香甜、微帶些許果酸，口感較佳。

(五)看肚臍

蘋果的肚臍若凹陷深者為上品，也較甜（**圖7-27**）。

(六)聽聲音

以手指輕彈果體，若回音輕脆者為上品，輕脆爽口宜人。

六、火龍果的選購

火龍果原為熱帶性水果，後來由國人引入台灣並改良其品種，如今品質已青出於藍。有關火龍果選購要領如下：

(一)看果皮

果皮要完整無損傷，軟硬適中，若太硬則未完全成熟。

圖7-28　火龍果外型渾圓其果肉質感較甜

(二)掂重量

挑選火龍果時，以手拿取果體上下掂一下重量，原則上，越重越好，代表果實汁多，肉豐滿，為上品。

(三)看外型

火龍果勿挑選瘦長型，越胖越好，以渾圓狀為上品（**圖7-28**），其果肉質感較甜美不會有生澀感。

(四)看顏色

表皮紅色的地方越紅越好；綠色部分則要越綠越新鮮。若火龍果表皮上的葉片有枯黃現象者代表較不新鮮。

七、芒果的選購

芒果為南台灣的特產之一，尤其以嘉南及屏東地區，又以台南玉井的

芒果為最具盛名,品種多且質量優,茲將芒果選購要領摘述如下:

(一)看果皮

芒果雖然品種有別,唯其果皮均以平順、質柔、具光澤,且果皮不能有皺折或汙損,無刮裂傷者為優。

(二)看大小

芒果果體大小適中為佳,若太小則熟度、營養分或甜度等均較不理想;若太大,唯恐基因改良或施打生長激素荷爾蒙針劑。

(三)看外型

芒果果體的外型以飽滿圓潤、軟硬度適中者為佳(**圖7-29**)。若果體外型呈乾扁瘦長者,則為次級品,其果肉較少。

(四)看顏色

一般芒果成熟後,其色澤為綠中帶黃,除非是屬於青芒果品種,即便成熟了,顏色仍青綠色。但大部分市面上的芒果,如金煌芒果其顏色黃的

圖7-29 芒果外型以飽滿圓潤、軟硬度適中者為佳

純正，也有些芒果成熟後顏色為黃綠，向陽面帶紅暈或粉紅，唯色澤不可有斑點始為上品。

(五)聞果香

芒果成熟時會產生一股令人心曠神怡的果香，此香味濃郁，如香水芒果、凱特芒果等均以果香著名。

八、梨子的選購

梨子的種類很多，其產地多在海拔高或緯度較低的溫帶地區為多。目前市面上的梨子以日韓進口的雪梨及國內高山產的高接梨為最有名。有關梨子的選購要領如下：

(一)看大小

梨子果體越大越好，不僅果肉營養分高，其含水分也多，當然價值較高。

(二)看果皮

梨子的果皮以光滑細緻為佳，這種梨子的果肉較細嫩多汁，纖維少；反之，若梨子的皮粗糙者，其肉質口感較之前者也相對較差。

(三)掂重量

挑選梨子時，可用手拿起來掂一下重量，越沉重感者其含水分也較多，果實也較新鮮，水分未流失，口感除了清脆爽口外，果肉多汁更能解渴鎮咳。

(四)辨公母

梨子也有公梨與母梨之分，公梨肉少核大，母梨肉多核小，細嫩多汁且較香甜。母梨的尾部光滑凹陷的深窩窩，其頂部呈小圓圈狀，至於公梨的尾部像朵花般，其頂部呈現小點突出狀。

(五)看產地

目前市面上的梨子品種、產地很多，唯其中以日本的雪梨為最優質，其次為韓國及本地生產的雪梨或高接梨。

(六)看季節

梨子的產季以冬季為生產期，其中以春分為旺季，果實也最甜美爽口。

學習評量

一、解釋名詞

1. 牛肉等級
2. 二頭鮑
3. 乾酪
4. Prime
5. GMP

二、問答題

1. 生鮮肉品選購時，須考慮哪些特性？試述之。
2. 如果你準備前往傳統市場採購豬肉回家烹製粉蒸肉丸，你會買哪一部位的豬肉？為什麼？
3. 美國牛肉等級劃分，係依照哪些標準來判定？一般可分為幾級？試述之。
4. 目前台灣各餐廳常見的淡水魚有哪些，你知道嗎？
5. 當你正在傳統市場選購魚類食材時，你知道正確選購要領嗎？試簡介之。
6. 台灣海產甚為豐富，擁有各種海鮮特產，請列舉三種各類海鮮名稱，並說明其選購技巧。

Chapter

8

和牛的採購

單元學習目標

- 瞭解日本和牛應備的基本要件
- 瞭解日本知名的三大和牛特色
- 瞭解日本和牛等級的劃分標準及等級
- 瞭解日本和牛採購的要領
- 熟悉日本和牛的典型吃法及供食方式
- 培養日本和牛的供食服務及採購能力

　　睽違十四年之久的日本和牛，曾因日本被列為狂牛症疫區，使得市面上看不到日本進口的和牛。直到西元2017年9月，終於解禁輸入台灣，並引進當年取得日本和牛大賽奪得「全日本第一和牛」大賞的宮崎牛，成為引進台灣最熱門的日本和牛品種。

🍎 第一節　和牛的基本認識

　　明治維新之前，日本的飲食生活習慣深受其地緣環境之影響，較偏愛海鮮魚蝦等海產類食物，較少食肉，且不吃牛肉。一直到明治維新西化運動後，日本民眾才慢慢習慣西餐料理，牛排及牛肉始逐漸蔚為時尚風潮，也開始正視日本專屬的肉牛培育，並被公認為當今世界品質最優的肉牛。

一、日本和牛應備的三大基本要件

　　日本和牛風（Wagyu Japanese Beef）味獨特，香氣濃郁，油脂豐富。由於細嫩多汁，飽和脂肪酸含量很低，因此佳評如潮，唯售價昂貴，為頂級高檔食材之一。日本和牛的身分履歷，須具備下列三大要件：

(一)血統

　　日本和牛的血統務必純正，不能混血。其血統須來自日本和牛的四大品種之一，否則不夠格稱為日本和牛。茲摘介如下：

1. 黑毛和種（Kuroge Wagyu）：原產地包括鳥取、但馬、島根和岡山等地。
2. 紅毛和種（Akage Wagyu）：另稱赤牛或褐毛和種牛，產地為高知、熊本等地。
3. 無角和種（Mukaku Wagyu）：產量甚少，與短角和種之產量不到日本和牛量1%。產地為山口縣。
4. 日本短角和種（Tankaku Wagyu）：目前飼養量極少，但適牧性佳，舊稱南部牛。產地為岩手縣、青森縣及北海道一帶。

(二)產地

日本和牛須在日本本土生長，且須飼養三十個月以上。因此，嚴格來說若在澳洲等地生長的和牛品種，也不能稱為「和牛」（Wagyu）。事實上，其肉質之風味與質感較之日本本土生長的和牛也略有遜色。

(三)等級

日本和牛等級評鑑制度相當嚴謹（**圖8-1**），須由專門負責和牛等級評鑑的專業人員二名共同評鑑且認定合格的牛肉，始能稱為「和牛」。此外，二者中評級最低的定級為該和牛的等級。例如：此二位評鑑專家，分別評為4級和5級，那最後該和牛的等級將定為4級。

二、日本三大和牛

日本三大和牛是指日本關西地區專門肥育的松阪牛、神戶牛及近江牛。此三種和牛原先都在兵庫縣內出生，統稱為「但馬牛」，在小牛時期即被分送到各地負責培育成為今日享譽全日本的三大和牛，摘介如後：

(一)松阪牛

為日本三重縣松阪市及其近郊所培育的品牌。只有沒生育過的處女牛，始能被肥育成松阪牛。為促進牛隻之食慾，會以啤酒來當飲料餵牠們。此外，再利用空檔時間為牠們按摩筋肉。松阪牛的肉質可謂「入口即化」，其脂肪在與吾人體溫差不多的情況下，會迅速溶掉，其特殊風味可在瞬間洋溢口中，足以令人回味無窮。

圖8-1　日本和牛等級評鑑制度相當嚴謹
圖片來源：http://jpninfo.com/tw/51685

(二)神戶牛

為頂級牛肉的代名詞,享有極品牛肉的雅號,為牛肉界的「勞斯萊斯」。此類牛肉是經日本「神戶肉流通推進協議會」指定的兵庫縣契作農家所悉心培育的和牛品牌。所採用的飼料是以日本精選的稻、玉米及清澈的水源等養育而成。神戶牛的肉質特色為具有獨特香味和甜味,品質極優,目前尚未出口,但在日本國內知名度甚高。美國前總統歐巴馬在職期間訪日也曾去品嘗此牛肉中之極品。

(三)近江牛

是在滋賀縣所專責培育的和牛品牌,其圈養在大自然環境優,無人工汙染的清澈水源之畜牧場裡。其肉質細嫩,脂肪略帶黏性,具有其他和牛所沒有的特色。在日本江戶時代即以近江牛味噌漬聞名全日本。

第二節　日本和牛的等級與採購

和牛乃源於日本四個主要品種的食用肉牛之統稱,雖然有些國家自日本輸入和牛飼養,但由於和牛血統、飼養環境及飼養方式與其他國家不同,因而形塑當今日本和牛的獨特風味與卓越地位。本單元將針對日本和牛的等級在採購上應注意的事項加以介紹。

一、日本和牛的等級

日本和牛的等級標準,與美國牛肉等級標準類似,主要可分為產出等級與肉質等級兩類,分述如下:

(一)產出等級（Yield Grade）

產出等級另稱「步留等級」,該等級共分為:A、B、C三級,其中以A級為最優,C級最差。至於日本和牛大多數均屬於A等級為多。產出等級的評分標準,是依下列要點為指標來決定分數高低。

1.牛胸部最長肌肉面積。

2.牛腹肉厚度。

3.皮下脂肪厚度。

4.冷藏處理後的淨重量。

(二)肉質等級（Quality Grade）

肉質等級另稱「品質等級」，共分為5、4、3、2、1五個等級，其中以5等級最高；等級1最低。等級的區分標準是根據下列四項指標：

1.脂肪交雜度（BMS）：即雪花密集度，愈密集愈平均愈好，入口可即化。

2.肉的色澤度：瘦肉顏色以桃紅色到鮮紅色為最優（**圖8-2**）。

3.肉緊緻度：肉質本身緊緻度愈高，品質愈好，彈性也佳，新鮮度優。

4.脂肪色澤：頂級和牛的脂肪色澤以雪白為優，若顏色成泛黃或灰白色則品質較差。

上述四指標每項均分為五個等級，此四項指標等級最低者，即定為最終等級。易言之，日本和牛自C1～A5共可分為15等級。至於日本頂級和牛的品質，基本上為A5或A4之等級為多。餐飲業者採購日本和牛時，除了考量其等級外，也要多留意前述四項指標之內涵，才能符合其餐廳本身營運之特別需求。易言之，高價位高檔餐廳可選購頂級A5或A4之和牛肉，至於平價位之餐飲業者可依消費者之能力來進貨較次一級之肉牛如A3～A1等級。此外，也

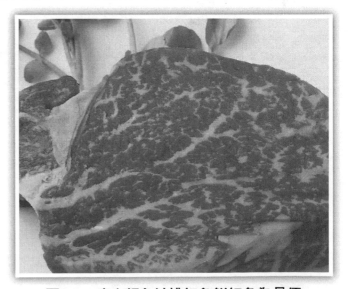

圖8-2　瘦肉顏色以桃紅色鮮紅色為最優

圖片來源：http://www.360doc.com/content/17/1124/20/642066_706839824.shtml

可視餐廳供食需求來採購。

二、日本和牛的採購

日本和牛為當今全世界品質最優的食用肉牛，肉質細嫩多汁，風味獨特。唯日本和牛之血統、等級及產地不同，其品質風味也互異。因此，餐飲業者在選購和牛時，務必注意下列事項：

(一)血統

日本和牛最重要的是其血統要純正，務必是日本黑毛和種、紅毛和種、無角和種及日本短角和種此四種之一，始為正統，其價值也不一樣。例如：美國、澳洲、加拿大及中國大陸等，均有引入日本和牛去培育，唯品質與價格均無法與純種日本和牛相提並論，落差極大。日本和牛100克售價約台幣1,500～2,000元以上。

目前國內「李登輝基金會」在花蓮新光兆豐農場正在培育日本石垣牛與台灣牛配種之台灣和牛，期盼台灣日後也有和牛問世。

(二)等級

日本和牛等級自A到C共計15級之多，其中以A5為最高等級。品質優的和牛如A4或A5，其油花較其他品種的牛肉多且平均，肉質多汁柔嫩，入口即化，其油花在25℃即開始融化，香氣洋溢口齒之間。至於C級肉品為最差。

(三)產地

正統的日本和牛，須在日本生長及培育二年半以上的和種肉牛，始為道地純正的和牛（Wagyu）。日本飼養的和牛，對飼料及品質控管嚴謹，每隻牛出生時，即有血統身分證明。自出生後即以牛奶、牧草、穀類及含高蛋白質的飼料餵食。有些產地牧場更聘專人為其按摩、灌啤酒，期以確保日本和牛之品質與品牌。

(四)品質

1. 雪花愈密集，愈平均愈屬上品（圖8-3），如A5或A4之頂級和牛的脂肪交雜度甚佳，吃起來更順口、嫩滑。

2. 肉品的色澤，瘦肉以呈桃紅或鮮紅為優；脂肪以雪白為上品。反之，若瘦肉色澤轉為暗紅或脂肪顏色變為泛黃，乃受氧化變色之關係，其肉品品質較差。

圖8-3 雪花愈密集，愈平均愈屬上品
圖片來源：http://occhicken.com/all-goods/japanese-beef/strip-loin.html

3. 肉品的緊緻度愈緊愈有彈性者，其品質較優，肉質也較鮮美。

三、日本和牛的典型供食方式

日本和牛的傳統供食方式很多，其中較受歡迎的吃法計有壽喜燒、刺身、壽司和鐵板燒牛排等四種。此外，也有拌芝麻醬直接生食或採西式嫩煎牛排半熟等方式進食。謹摘介下列最經典的和牛吃法四種：

(一)壽喜燒

壽喜燒是一種日式牛肉火鍋，是以切成薄片的牛肉與蔬菜一起放入事先以醬油、砂糖和酒調味之醬汁於鍋中煮，再以筷子取出沾生雞蛋汁液來進食。

(二)刺身

刺身是一種生鮮的牛肉，通常是採A5最頂級的和牛肉為之，具有一種特別濃郁之滋味，入口即化，順溜滑口（圖8-4）。若採A4等級以下者，其口感較差。

圖8-4　牛肉刺身通常是採A5最頂級的和牛為之，具有一
　　　　種特別濃郁之滋味，入口即化，順溜滑口
圖片來源：http://www.dushi.ca/tor/food/bencandy.php/fid23/aid7817

(三)壽司

　　壽司所採用的和牛肉，通常是採A4等級以上之和牛肉較適宜。因此類頂級和牛肉的雪花脂肪密度高且分布均勻，當舌尖碰觸到沾有甜甜米醋香味之和牛肉時，會讓人食指大動，驚為人間美味珍饌。

(四)牛排

　　為彰顯日本頂級和牛的獨特濃郁香味，享受入口即化之美食體驗，若採燒烤或嫩煎方式，最好採三分熟或五分熟的烹調方式為宜。

學習評量

一、解釋名詞

　　1.Akage Wagyu

　　2.Kuroge Wagyu

　　3.Yield Grade

　　4.Quality Grade

二、問答題

　　1.日本和牛應備的基本要件有哪些？

　　2.日本和牛的品種有哪幾大類？試摘介之。

　　3.所謂「日本三大和牛」，是指何者而言？

　　4.日本和牛的等級標準主要分為幾大類？試述之。

　　5.日本和牛採購時，應注意哪些事項？試摘述之。

　　6.日本和牛的典型供食方式，請列舉較受歡迎的吃法四種。

Chapter

9

法國三大珍味的採購

單元學習目標

- 瞭解「餐桌上的鑽石」松露的特性及價值
- 瞭解松露的品種類別及其特性
- 瞭解市面上常見的松露等級劃分標準
- 瞭解松露選購的基本要領
- 瞭解魚子醬的種類及等級
- 瞭解魚子醬奢華的供食服務方式
- 瞭解魚子醬的選購要領
- 瞭解鵝肝醬成為法國三大珍味之原因
- 瞭解鵝肝醬選購的要領
- 培養法國三大珍味鑑賞的能力

　　法國菜為當今世界四大料理之一，也是西餐中最具盛名的菜餚。法國菜之所以能創造出許多膾炙人口的美食，除了其烹調技藝及講究精緻服務外，最重要的是重視食材之選購，以彰顯法國菜之特色。本章將針對法國三大珍味的採購，逐節介紹如後。

🍎 第一節　松露的採購

　　「松露」之於歐洲人，就像「冬蟲夏草」之於中國人般的珍貴。歐洲人將松露列為世界三大珍饌；美食家更將他與魚子醬及鵝肝醬並稱為法國三大珍味。早期歐洲教會將松露視為妖魔邪物，因其氣味形狀怪異，直到十四世紀，始被端上餐桌，視為珍饌。

一、松露的基本認識

　　松露英文稱之為Truffle，學名為Tuber，是一種蕈類，如蘑菇、靈芝等均屬於真菌。目前全世界所發現的品種約有三十幾種，多數生長在闊葉樹，如橡樹、榛樹、栗樹或榆樹等的根部著絲生長於地下約30～40公分深處。

　　松露採集者俗稱「松露獵人」，由於松露本身具有一種獨特的芳香與氣味，因此，早期他們是運用公豬之嗅覺來尋找並挖掘松露，但豬隻常會將找到的松露吃掉，同時豬鼻子也會破壞地下的菌絲體。因此，自西元1985年即大量訓練犬狗來替代豬仔作為松露獵人尋寶的得意助手。當雌性獵狗找到時，再由主人在現場作記號，並以小耙子小心翼翼地往下挖掘，其塊狀主體通常在樹木根部緊密聯繫處可找到它。

　　松露通常是生長在偏鹼性的石灰岩土質，如義大利阿爾巴、法國佩里哥或中國雲南等地。由於松露本身所散發的獨特吸引人的風味及其高營養價值的蛋白質，胺基酸及珍貴的鋅、鈣等微量元素，深受養生饕客喜愛（**圖9-1**）。再加上其生長環境嚴苛，難以藉人工培育，因此產量稀少，物以稀為貴，故有「餐桌上的鑽石」之美譽。目前全球所發現的松露品種雖然約有三、四十種之多，但其色澤、氣味、外觀及價格也互異，其中以義

圖9-1　松露獨特吸引人的風味，深受養生饕客喜愛

圖片來源：維基百科

圖9-2　白松露的香氣濃郁且細膩多變，價格昂貴，享有「白鑽」的美譽

圖片來源：https://guide.michelin.com/hk/hong-kong-macau/dining-in/%E6%9D%BE%E9%9C%B2%E6%B3%95%E5%89%87/news

大利的冬季白松露（**圖9-2**）及法國的冬季黑松露為最具盛名，其等級及評價也最高。

二、松露的種類

松露的品種雖然很多，但市面上較著名者，可分為下列四大類：

(一)義大利白松露

- 學名：Tuber magnatum，另稱阿爾巴（Alba）白松露，享有「白鑽」之美譽，其價格比黃金還貴。
- 產地：義大利西北部克羅地亞。
- 產季：每年10月～12月。
- 味道：具有獨特的乳酪、蒜味及麝香味等氣味，唯香氣較之黑松露容易消失。
- 食法：可生食或當佐料拌沙拉、通心粉麵條及佳餚點綴調味。

(二)法國黑冬松露

- 學名：Tuber melanosporum，另稱佩里格（Perigord）黑松露，享有

「黑鑽」之美譽。

- 產地：主要產地在法國，其他如義大利、西班牙及中國大陸雲南也有，唯風味略有差異，等級較差。
- 產季：每年12月～隔年3月。
- 味道：風味較豐潤、濃郁的巧克力香味，以及泥土的芳香。
- 食法：加熱食用風味更佳，可作為烤雞、烤牛排之調味料，也可供米飯雞蛋調味用。

(三)黑夏松露

- 學名：Tuber aestivum，另稱聖約翰松露（St. Jean）。
- 產地：法國、義大利、西班牙及中國雲南、四川。
- 產季：每年5月～9月。
- 味道：風味類似蘑菇氣味，較黑冬松露味道淡薄，口感較次之。
- 食法：生食或加熱烹煮均宜。可切大塊吃或調味。

(四)俄勒岡白松露

- 學名：Tuber gibbosum。
- 產地：美國西北部。
- 產季：每年10月～11月。
- 味道：味道較淡較脆，其風味與歐洲白松露不同，等級次之。
- 食法：生吃或調味，也可供熬高湯。

三、松露的等級

天然松露價值或等級之高低，端視其品種、產季、香氣、色澤、重量、形狀及產量等因素而定（**圖9-3**）。通常松露的價格是依重量計算，而非視尺寸大小。若外型愈完整，結構體斷面紋路細絲愈均勻，且具獨特香味無異味者為上品，價值也愈高，其價格甚至比黃金還高，故有「餐桌上鑽石」之美譽。

松露在每個季節及顏色的類別上，各有其不同的等級劃分。目前市面上常見的等級，可分為下列三級：

圖9-3　天然松露價值或等級之高低，端視其品種、產季、
　　　香氣、色澤、重量、形狀及產量等因素而定
圖片來源：http://www.sohu.com/a/155943988_99938109

(一)頂級（Super Extra）

　　是指最高檔最昂貴的松露，香氣濃郁，整顆外觀完美，其尺寸約有一
顆蘋果或葡萄柚般的大小，產量最稀少也非常罕見，其價位也最昂貴，常
見於富豪拍賣會場上競標。例如：號稱全世界最大的一顆松露，重達1.89
公斤，為台灣一位買家在拍賣場以新台幣192萬得標；澳門賭王何鴻燊以新
台幣1,008萬標購1.3公斤的法國白松露。

(二)特級（Extra）

　　特級松露整顆完整，無瑕疵，尺寸大小如乒乓球或高爾夫球，重量
約20～40公克，其產量介於頂級與首選級之間，約占總產量10%，價格昂
貴，深受大多數高檔餐廳喜愛，且廣為採用的珍貴食材。

(三)首選（First Choice）

　　此類等級為市面上最常見的等級，整顆但外觀稍有瑕疵，其產量高，
尺寸大小不一，如桑葚、草莓般。由於量多，價格也較平易近人。

四、松露的選購要領

松露的選購，其價格是按重量「克」來計價。價格高低則視市場供需決定。由於此類食材成本極高，且需保鮮，通常高檔餐廳是以每週進貨為原則。有關松露採購時應注意下列要領：

(一)等級

新鮮松露在交易市場買賣時會依條件、標準來區分三等級，大部分高檔餐廳所採購的松露是以特級為主，有些則以首選為採購對象，完全端視業者營運需求而定，至於頂級松露大部分是特殊品味之典藏家或美食家才會前往參加競標。

(二)產地

白松露品質以義大利阿爾巴白鑽最有名，其次為巴爾幹半島所發現的白松露。至於黑松露首推法國佩里格的黑松露最有名；產量方面則以法國普羅旺斯的黑松露產量最多。松露在中國大陸的雲南、四川，除了有野生松露外，也有人工培育的黑松露。台灣也曾發現松露的品種，唯品質仍待提升。

(三)季節

松露的產季以秋冬的品質最好，至於夏季所產的松露其香味及質感則較差。市場售價也較便宜。

(四)體型

松露的售價會依其體型大小來定價。松露體型大小落差很大，小的如蓮子、草莓、高爾夫球；大的如蘋果或葡萄柚般。松露的體型愈大愈值錢，其等級也較高。

(五)外觀

松露的外觀類似全身都是疙瘩的蘑菇，完整無缺損或瑕疵者，其等級

圖9-4　松露的外觀完整無缺損瑕疵者，其等級愈高，售價也愈高

圖片來源：Valnerina Tartufi頂級原隻黑松露

愈高，售價也愈高（**圖9-4**）。外型完整的松露大多生長在較潮濕且透氣的沙質地；外形若不規則且有較多小瘤的松露，大部分是生長在砂石礫較多的土壤中。

(六)色澤

　　白松露外表平滑細嫩，皮呈淡咖啡色，切開後其內部白色至奶黃色；黑松露外表皮較粗，且色澤黑如墨，切開後其腦紋也呈黑色者為上品，如冬季黑松露；反之，若內部切開後顏色呈灰黑或呈白色者，其等級則較差，如夏季黑松露即是例。

(七)氣味

　　松露的價格及等級高低最重要的關鍵乃在「氣味」。松露獨特的氣味來自其本身的菌種，品種不同的松露所散發出的香味也不同。品質好的松露具有獨特的多種氣味，如麝香味、蒜味、奶酪味或巧克力味；至於品質較差者除了上述氣味外，尚摻雜些「硫磺味」或其他惡臭味。

(八)質感

新鮮的松露不僅具有獨特吸引人的風味，若切成薄片則鮮脆可口，口感滑潤。如果質感不脆軟化則等級較次之。

 第二節　魚子醬的採購

魚子醬為當今法國三大珍味之一，也是西方三大奢華美食。遠在十三世紀時，魚子醬不過是俄羅斯一般庶民家常菜，自從傳入歐洲後，才成為貴族階層之豪華美饌。迄今其身價仍居高不下，不愧為「海中的黑鑽」。

一、魚子醬的基本認識

魚子醬（Caviar）並非指一般魚卵製成的醬。嚴格上來說，它是指以鱘魚卵所製作而成的魚子醬而言。尤其是在法國所謂的「Caviar」是專指鱘魚卵，且是指來自歐亞交界的裏海（Caspian Sea）所生長的野生鱘魚，如貝魯嘉鱘、奧西特拉鱘及閃光鱘等高品質鱘魚身上的魚卵所製作成的魚子醬，此為最上等的魚子醬。

目前市面上許多美其名為「魚子醬」的食材製品，事實上，並非取自鱘魚的卵，而是來自鮭魚、圓鰭魚、鱈魚或其他魚類的卵。目前全球品質最好且價格最昂貴的魚子醬首推伊朗出口的Almas魚子醬，它是產自裏海60～100歲的貝魯嘉鱘，另稱「白鱘」的卵，每公斤售價高達34,500美元；至於全球最大的黑魚子醬生產國則首推蘇俄，在二十世紀七〇年代高峰期，曾創造出口量達3,000噸。

二、魚子醬的種類

目前全球共有二十多種不同的鱘魚，但只有下列三種鱘魚的魚卵夠資格製成魚子醬，其等級依序如下：

(一)貝魯嘉鱘魚子醬（Beluga Caviar）

貝魯嘉鱘另稱大白鱘，其體型最大，最重可達1,000公斤，也最稀有，一年產量不到100尾。貝魯嘉鱘20歲始長成，唯60歲以上才夠資格製作魚子醬，因此物以稀為貴，品質也最好，屬於一級品。

此類魚子醬的顏色由淺灰至灰黑都有，具金黃色光澤，顆粒肥碩飽滿圓潤；魚卵約占體重20%以上，為當今世界最頂級的魚子醬，例如：全球最昂貴的伊朗魚子醬，就是採100歲的大白鱘之魚卵製作成的珍品，市場上販賣是以「克」為單位計價，如24克金罐包裝市價高達25,000美元。

(二)奧斯特拉鱘魚子醬（Asetra/Oscietra Caviar）

奧斯特拉鱘體型較小，體重僅80～200磅重，魚齡12～14歲長成，但奧斯特拉鱘魚子醬則以40歲的魚卵來製作，以保障其品質。該魚子醬的顏色呈灰棕色，帶有黑金色光澤，具有堅果般的水果香。該品種為市面上最常見的野生魚子醬。

(三)閃光鱘魚子醬（Sevruga Caviar）

閃光鱘通常7歲即成熟，但以20歲的魚卵品質最好，可供取卵做魚子醬。該品種魚子醬顆粒較小，顏色較深，呈灰黑色，類似貝魯嘉大白鱘的卵，但其口感特殊，備受青睞。

三、魚子醬的典型供食方式

品嘗珍貴的黑金「魚子醬」是一種純粹奢華浪漫質的品味享受而非果腹溫飽量之追求（**圖9-5**）。魚子醬的供食服務除了講究品質鮮美外，更重視搭配的輔料食物及供食服務餐具，茲摘述如下：

(一)冰鎮供食

為確保魚子醬鮮美風味，在供食上桌服務時，須先將魚子醬置放在鋪有冰塊的小巧精緻器皿上冰鎮上桌以保鮮美。

**圖9-5　品嘗珍貴的黑金「魚子醬」是一種純粹奢華浪漫質
　　　　的品味享受**

圖片來源：Euro Caviar頂級分子魚子醬

(二)輔料食物

1.常見的搭配食材有：麵包、餅乾、煎餅或伏特加、香檳及櫻桃汁
　等。
2.在俄國最經典的吃法為：以碎洋蔥、蛋黃、酸奶油等來調配醬料，
　再搭配烤麵包和餅，此為非常經典俄式吃法，若再搭配冰鎮伏特加
　或香檳，那更是一大享受。

(三)供食餐具

　　裝盛魚子醬的器皿及進食餐具，通常非常精緻，其材質通常是以貝
母、陶瓷或牛角為多，唯不宜使用金屬類餐具，尤其是禁用銀器餐具，以
免魚子醬變質。

四、魚子醬的選購要領

　　魚子醬的選購通常較重視品質和等級之分。事實上，只要是產自裏海
的三種野生鱘魚之魚子醬，其等級及品質均屬上品。唯市面上各類魚子醬

品牌甚多，在挑選時須注意下列要領：

(一)外觀

品質好的魚子醬其魚卵外觀體型飽滿圓潤，顆粒較大，直徑約2.5～3毫米（圖9-6）。

(二)色澤

上品的魚子醬其魚卵亮晶晶，汁液顏色為黑中帶灰或呈成褐色；若魚卵汁液為黑中呈泛綠或藍色，則為次級品。

(三)風味

新鮮的魚子醬聞起來不會有刺鼻濃烈的腥味，有些品牌的魚子醬尚有些許奶香味或淡淡堅果香。反之，若散發出魚肝油般之腥味則屬於次級品，其存放時間可能太久了。

(四)質感

新鮮的魚子醬其魚卵用手觸摸時，質感柔軟且不會有濕黏之感。若魚卵有破損或呈稠黏狀，則為次級品。

圖9-6　品質好的魚子醬其魚卵外觀體型飽滿圓潤，顆粒較大
圖片來源：http://menxpat.com/post/17157

(五)口感

頂級魚子醬口感香醇甘美，具有淡淡的海鹽風味，鹹度適中。品質好的魚卵用鹽量少，其分量不超過魚卵分量的5%，此類魚子醬另稱為「馬洛索魚子醬」，即表示「低鹽」之意。

五、魚子醬的儲存

為確保魚子醬的鮮美品質，須嚴加控管其儲存環境之溫度、濕度及期限。茲說明如下：

1. 儲存環境：魚子醬須儲存於恆溫恆濕的環境下。溫度須在0～-3℃；濕度須在50～80%為宜。
2. 保存期限：通常在-2～4℃的環境下，魚子醬可保存十八個月；若是以冰箱冷藏，僅能保存六至八週。

第三節　鵝肝醬的採購

法國三大珍味除了前述的松露及魚子醬外，首推鵝肝醬。本單元將針對鵝肝醬採購時應備的專業知能，分別逐加介紹。

一、鵝肝醬的基本認識

鵝肝醬（Foie Gras）另稱鵝肝或肥肝，是一道著名的法式料理。它並非以鵝肝所製成的糊狀類調味料，也非指市面上一般鵝肝，其外觀類似我國的糕類或凍類食材，色澤略呈粉紅象牙色、淡金黃色或淡青黃色，並非通紅的血色。它是採用法國知名特殊品種的鵝，以穀類填鴨式逼食餵養之肥鵝的肝製品。由於味美甘醇而聞名全球，為典型的法國傳統美食（圖9-7）。

圖9-7　鵝肝醬

二、鵝肝醬製作的方法

鵝肝醬製作的步驟如下：

(一)去筋膜血管

先將鵝肝上的筋膜及血管去除。

(二)上調味料醃漬

將鹽、胡椒粉、糖、豆蔻粉等調味料灑上，再以白蘭地淋上，醃漬約兩小時待其入味。

(三)燒烤、碾壓

1.先將醃漬好的鵝肝，置於烤盤上，以140度的溫度燒烤約一小時後再取出。
2.以另一空盤上置重物，將燒烤後的鵝肝由上而下，重壓成扁平狀。

(四)冷卻、冷凍

將燒烤碾壓過的鵝肝，取出待冷卻後，再置放冰箱冷凍保存，食用時

再取出切片即可。

三、鵝肝醬的種類

市面上常見的鵝肝醬，主要有下列幾種：

(一)生鵝肝（Foie Gras Cru）

是指尚未經任何加工或烹調處理的新鮮肥肝。此類鵝肝風味鮮美濃郁，口感綿密，入口即化。

(二)新鮮鵝肝（Foie Gras Frais）

是指已經加工烹調處理過的鵝肝。此類鵝肝品質最優，通常裝盛在瓶罐或搪瓷罐內，若置放在冰箱冷藏，可儲存一週左右。

(三)醃漬鵝肝（Foie Gras de Conserve）

此類鵝肝係裝盛在瓶子裡，它是以鵝油浸漬再消毒殺菌後，儲存於涼爽乾燥的地窖。這類別的鵝肝醬可保存好幾年，在一定的年限內，如同葡萄酒般愈陳愈香。

(四)半烹煮殺菌鵝肝（Foie Gras Mi-cuit Pasteurize）

此類鵝肝醬是經快速烹煮殺菌後，再予以裝盛包裝。這種鵝肝即使開封後，在冰箱冷藏也可儲存達三個月之久。

四、鵝肝醬成為法國三大珍味的原因

全世界各地都有生產鵝肝，如歐洲的匈牙利、亞洲的中國，均有鵝肝，唯並沒有法國鵝肝醬具知名度，究其原因如下：

(一)歷史悠久

鵝肝醬在法國享有近千年的美食文化，對於鵝肝之選種、育種、加工、烹調等製作技術，均有相當的研究，誠非其他國家所能比擬。

(二)品種優良

法國擁有得天獨厚的優良品種鵝,如史特拉斯堡鵝、朗德鵝及土魯斯鵝,其中以史特拉斯堡鵝肝最具盛名,其體型大,口感佳,且香氣濃郁。

五、鵝肝醬的經典供食方式

法式鵝肝醬的傳統吃法,主要方式有:

(一)單品食用

鵝肝含有濃郁迷人的「谷氨酸」,油脂甘味,當溫度達35℃時,其脂肪就開始融化,因此在口感上有如含巧克力般「入口即化」之感覺,有滑潤、濃郁無比之芳香。

(二)烹調食用

鵝肝醬可經由煎、炸、煮、蒸或烤等不同烹調方式來享用此美食(圖9-8);也可切成薄片夾在烤熱的麵包中,再沾醬料食用,更可彰顯鵝肝誘人的美味。

圖9-8　鵝肝醬可用不同方式烹調
圖片來源:https://www.guruin.com/articles/425

圖9-9　以蘇玳貴腐葡萄酒搭配鵝肝，更能彰顯鵝肝的美味
資料來源：http://roseandcook.canalblog.com/archives/2017/12/18/
34758669.html

(三)搭配美酒

在高檔法式餐廳吃鵝肝時，並不喜歡搭配烈酒或過於濃郁的紅酒，以免酒體掩蓋鵝肝的風味，通常是以一種微甜的蘇玳貴腐葡萄酒（Sauternes）來搭配，更能展現鵝肝肉質之美與芳香（圖9-9）。

六、鵝肝醬選購的要領

鵝肝醬在選購時要注意下列要領：

(一)厚重

體型愈大，重量愈重的鵝肝，其品質愈好，若重量能達700～800克以上的鵝肝始為上品，也夠資格稱為「肥肝」；反之，若鵝肝重量低於200克以下者，其品質則相對較差。

(二)色澤

品質優良的鵝肝其色澤為呈粉紅之象牙色、淡金黃色或淡青黃色。反之,若其顏色帶有較深血色者,如暗紅色,其品質也較差。

(三)外觀

品質優的鵝肝,其外觀是整塊完整無任何損傷,若鵝肝外觀有破損者,其品質則較差。

(四)品種

鵝肝若取自法國知名三大知名品種的鵝時,其品質則較有保障,價格也較昂貴。

學習評量

一、解釋名詞

1. Truffle
2. Tuber magnatum
3. Perigord
4. Caviar
5. Beluga Caviar
6. Foie Gras

二、問答題

1. 所謂「法國三大珍味」，是指哪三大珍饌而言？
2. 松露的品種很多，但較著名的松露，可分為哪幾類？
3. 市面上常見的松露，可分為哪三大等級？試列舉之。
4. 松露選購時應注意的事項有哪些？試述之。
5. 何謂「魚子醬」？目前全球品質最好價格最貴的魚子醬是指哪一國出口的品牌。
6. 如果你是餐飲美食達人，請問當你在選購魚子醬時，你會注意哪些事項？試摘述之。
7. 鵝肝醬之所以成為法國三大珍味之一，你知道其原因嗎？
8. 鵝肝醬在選購時，應特別注意的要領有哪些？

Chapter 10

乾貨、加工食品及雜貨的採購

單元學習目標

- 瞭解山產與水產乾貨選購要領
- 瞭解各式辛香料、香味料選購的技巧
- 瞭解食品添加物選用的原則
- 瞭解醃製品選購的技巧
- 瞭解罐頭類食品的選購要領
- 瞭解冷凍食品選購的技巧
- 培養餐飲採購實務的能力

　　餐飲業營運所需的乾貨、加工食品及雜貨類別繁多不勝枚舉，採購這些物料時必須以餐廳營運實際需求為考量外，尚須考慮保存期限、庫房儲存空間及資金成本等問題。至於採購方式則以報價議價等方法，運用標準庫存量作為採購進貨之依據。

第一節　乾貨類的採購

　　乾貨係指經脫水乾燥及加工處理後的原料，一般乾貨很少直接用來供食，通常須再經浸發、加工烹調才可上桌供食。乾貨可分山產與水產乾貨兩大類，由於此類材料很多，僅就餐廳較為常用的乾貨選購要領摘述如下：

一、山產類乾貨的選購

(一)菇類

　　菇類在市面上常見的有香菇、洋菇、草菇、杏鮑菇及花菇等多種，選購時除了杏鮑菇須考量傘基宜大、肉厚挺直外，其餘如香菇等則以乾燥度佳、外形整齊、肉厚傘基少、味道芳香、色澤亮鮮、傘內呈米白色、無黑點、無發霉及蟲蝕者為上品（**圖10-1**）。

圖10-1　香菇以外形整齊、肉厚、色澤亮鮮為上品

(二)竹笙

竹笙目前大部分以來自中國大陸、香港為多。選購時以外形完整、蕈裙較長、色澤淡黃者為佳，如果顏色過於雪白，則唯恐經漂白處理過，應避免購買。

(三)燕窩

燕窩係金絲燕以唾液築成的窩巢，採購時以淡紅色的血燕為最珍貴，灰白色燕窩次之，灰黑色者較差。此外，須注意雜質、羽毛愈少者愈好。

(四)髮菜

髮菜係餐廳佳餚食材之一，這是一種生長在高原陰濕山岩石坡的絲狀變種藻類，因乾燥後形狀酷似頭髮，故稱之為髮菜。選購時，應以色澤烏黑呈暗褐色、絲長蓬鬆但不易掉落、無雜質具香氣者為上品，若色澤過於光亮則多是人工培育或假造的髮菜。

(五)白木耳

白木耳又稱銀耳，營養成分相當高，具有滋補調理心肺功能。選購時以外形整潔、色澤米白淡黃、肉厚褶大、無雜質者為佳。

二、乾果食材的選購

乾果食材如花生米、腰果、核桃仁、栗子、杏仁等核果。選購時，應以顆粒完整碩大、無雜質碎屑霉斑及蟲蝕者為佳（**圖**10-2）；此外，宜注意產地及包裝標示事項，如有效期間、製造日期及包裝是否完整。

三、水產乾貨的選購

(一)魚翅

魚翅係以鯊魚的鰭經過加工乾燥製作而成，一般魚翅由於取自鯊魚身上不同部位而名稱互異，價值也不同。如果以鯊魚背鰭所製成者稱為脊

圖10-2　乾果類以顆粒完整碩大、無雜質碎屑為佳

翅，可供作排翅或鮑翅用；若以胸鰭製成者稱之為翼翅，係作為散翅用；倘若取自尾翅所製成的魚翅，則稱之為勾翅，價格最高，適合作散翅用。至於腹鰭、小背鰭及臀鰭因外形短小，價格也較低（**圖10-3**）。

(二)干貝

干貝另稱「元貝」或「瑤柱」，係採自水產斧足類之斧足或扇貝類的閉殼肌所加工製成。選購干貝時，應以金黃色、味香、乾爽、碩圓具光澤者為上品（**圖10-4**），顏色黯黃、體形小或外形不整者為次之，至於顏色呈灰黑或有霉斑者為劣品。

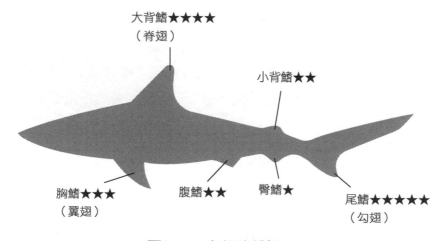

圖10-3　魚翅的種類

圖10-4　選擇干貝以味香、乾爽、碩圓具光澤為上品

(三)蝦米

蝦米係以生鮮蝦子曬乾後去殼烘乾加工而成。選購時,應以顏色呈金黃色或自然橙紅色,蝦體以乾燥完整碩大且具天然腥香味者為上品(**圖10-5**)。

圖10-5　選購蝦米以顏色呈自然橙紅色、蝦體乾燥完整碩大為佳

採購達人

乾貨採購的基本功

採購南北貨的基本功，須仰賴專精敏銳的感官及觸覺。易言之，眼、鼻、口及手等均要善加靈活運用，缺一不可。茲說明如下：

1. 眼觀：購買前，須先用眼仔細看其色澤、大小、好壞，再多看其他同業貨色，就其價格與品質予以比較，期以判斷其價值感，即CP值。

2. 手摸：乾貨優劣最重要的關鍵在於乾燥度之質感。優質的乾貨其生產過程控管極嚴謹，因此其貨品的乾燥度相當高。

3. 鼻聞：任何乾貨均有其獨特的芳香或味道，若乾貨受潮變質或在製程滲入其他添加物，則會有一股霉味或異味。例如：竹笙、白木耳或金針等若添加漂白劑或硫化物，則會出現刺鼻的異味，凡此乾貨均屬劣質品。

4. 口問：採購乾貨須多開口請教乾貨廠商以瞭解更多相關專業資訊，如產地、製備流程方式、價格及品質辨識要領等，期以增強自己本身的專業能力。

四、穀物澱粉類食材的選購

穀物澱粉類食材在市面上較常見者首推米、麥、玉米、甘藷和芋頭等多種。其選購要領及注意事項摘介如後：

(一)稻米

1. 稻米的選購首重新鮮且自然透光。當米存放久了會漸漸失去原有光澤而變黃。

2. 品質好的米，穀粒堅實飽滿，外觀完整無碎裂，也無砂粒或米蟲等異物。

3.選購時須視用途來選擇適質的米。如製作年糕、碗粿等此類米漿食品時,宜採用舊米搭配新米來研磨製作,其品質口感會較**Q**彈、綿密可口。

(二)小麥

1.小麥是禾本科植物與稻米一樣,唯台灣本地生產的小麥只有在台中大雅及雲林等少數地區栽種,大部分均仰賴自美國、加拿大、澳洲等地進口。

2.小麥研磨成麵粉後(**圖10-6**),依其蛋白質含量多寡,分為特高筋、高筋、粉心、中筋、低筋及澄粉等多種,其用途也互異,如**表10-1**。

(三)玉米

1.玉米為當今全球三大糧食作物之一,其種類若依顏色可區分為:黃玉米、白玉米和雜色玉米等多種。

2.玉米選購時,以米粒堅實飽滿新鮮、果穗長、不缺米及不裂米為佳。

3.採購宜適量,因為玉米不宜存放太久,不僅會影響其風味,也容易發霉孳長黴菌,影響安全衛生。

圖10-6　小麥研磨後的新鮮麵粉

表10-1　麵粉的種類及用途

種類	蛋白質含量	主要用途
特高筋	13.5%以上	春捲皮、義大利麵
高筋	11.5%以上	麵包、土司、油條、麵筋
粉心	10.5%以上	中式點心的麵條
中筋	8.5%以上	中式點心的包子、水餃、煎餃或蒸餃
低筋	8.5%以下	西點、蛋糕、油酥類及酥餅類點心
澄粉	不含蛋白質	水晶餃、粉果

(四)甘薯

1.甘薯另稱地瓜、番薯或紅薯，為地下根，原產於南美洲，其品種常見者有：白皮黃肉、白皮紅肉、紅皮黃肉及紅皮紅肉等多種。

2.選購時以中等大小、外型完整無破損或裂痕者為上品（**圖10-7**）。唯不宜挑選細瘦長條或果體小的地瓜。

3.甘薯的採購最好以有機農家契作最好，也較符合食安需求。

(五)芋頭

1.芋頭俗稱芋仔，為地下莖，原產於印度，其品種有水芋及旱芋兩

圖10-7　地瓜挑選以外型完整無破損、裂痕為佳

類。目前台灣常見的品種有檳榔心芋、麵芋及紅梗芋等多種，其中以檳榔心芋的歷史最悠久。其肉質香味濃、質感疏鬆。至於麵芋質地細嫩Q彈具黏性，風味甚佳。

2.台灣芋頭產量最大，最具盛名者為台中大甲、屏東高樹及苗栗公館。

3.選購芋頭以塊莖肥碩、體型完整者為上品。選購時可略捏頭端，若肉質具粉質感者較香Q。若僅滲出汁液者，其口感及鬆軟度則較差。

第二節　食品添加物與油脂類的採購

現代食品加工，往往需添加某些物質，以促進食品之保存性，增加食品的色、香、味，提高其品質。所謂「食品添加物」，係指食品製造、加工、調配、包裝、運送、儲藏等過程中，用以著色、調味、防腐、漂白與乳化安定品質，促進發酵、增加稠度、增加營養，防止氧化或其他用途而添加或接觸於食品之物質。

常用法定食品添加物有防腐劑、殺菌劑、漂白劑、抗氧化劑、保色劑、營養添加劑、品質改良劑、著色劑、膨脹劑、香料及調味劑等十多類。食品添加物之使用是有其必要性的，但並不是所有食品添加物都可用在任何食物裡，且須注意其用量標準（即用量限制）。

一、食品添加物的選購

(一)辛香料的選購

辛香料是一些乾的植物之種子、果實、根或樹皮做成的調味料之總稱，如胡椒、丁香、肉桂等。由於辛香料可以賦予食品特殊的風味（圖10-8），並影響食品的品質，因此選購時必須謹慎並注意下列幾點：

1.買包裝良好者並注意其標示，如品名、成分、重量、容量、製造廠名、地址、製造日期和保存期限。

2.有些辛香料中含有毒性物質，不得任意使用。如黃樟中含有黃樟素

圖10-8　辛香料可賦予食物特殊的風味

對人體有害。

3.購買散裝辛香料時，要注意有無異物，如昆蟲、樹葉、砂土等雜質的汙染，若有則不可購買。

4.有些市售的辛香料中，會摻雜一些無毒但便宜的其他成分，因而降低了原有純度及香味強度，所以要注意。

(二)香味料的選購

雖然香味料會影響消費者對食品的接受度與購買慾，卻絕不可濫用，以免對人體的健康造成危害，因此選購時須注意下列事項：

◆標示完整

如品名、內容物成分、重量、容量，以及製造廠名、地址、製造日期及保存期限。

◆包裝良好

要買包裝無破損且封口良好的產品，最好是以深褐色瓶子盛裝者。

◆販賣環境優良

須陳列或存放於日光照射不到且涼爽乾燥的地方。

◆確認商品名稱及成分

一般食品添加物商行所販賣者多為數種香味料的混合體，且商品常常被簡稱為XX香料，因此購買時，必須先確認所需香味料將用於何種食品，並弄清楚購得香味料之成分。

◆食品的型態與加工情形

在選擇使用香味料的種類時，要先瞭解食品的性質及其加工條件，例如粉末果汁等乾燥的食品，適用粉末香味料；而餅乾之類的烘焙食品則適合用較耐熱的油溶性香味料。

(三)著色劑

為了美化食品，可使用的法定食用色素種類，有紅色六、七、四十號；黃色四、五號；綠色三號；藍色一、二號等。

◆用途與限制

飲食製品使用色素的主要目的，即在於美化製品外觀，以增進食慾。

採購達人

分子料理

分子料理（Molecular Gastronomy）近年來被引進台灣，在國內餐飲界掀起一陣熱潮與話題。

所謂「分子料理」，是指科學實驗再加上藝術創作研發而成的人造美食，另稱分子美食、人造食物或分子廚藝，它是運用可食用的化學物質來改變食材分子結構或進行重新組合，以創新研發製作出許多精緻誘人的人造美食。其特色為不再受食材產地、產量及地理等環境因素之設限，為人類一種未來的食物。易言之，分子料理是運用科學知識、科學儀器或工具，以及人工化學食品添加物，如氯化鈣、海藻酸鈉、葡萄糖、檸檬酸或麥芽糖醇等化學物質，來改變食材外觀、口感、口味或特性等的烹調技藝。例如：靚靚車仔麵餐廳所供應的精緻分子料理美食。

煤焦色素大都是由煤焦經蒸餾、硫化、硝化等複雜的有機反應製得；一般工業用色素不得用於食品，依規定凡生的新鮮肉類、魚貝類、豆類、蔬菜、水果、味噌、醬油、海帶、海苔、茶葉等都不得使用色素。

◆注意事項

購買食品時，務必注意標示所列的色素，法定食用色素大都是酸性煤焦色素，而且是水溶性，所以將使用色素的食品置水中時，水會著色。

(四)硼砂

◆作用

硼砂化學名稱為硼酸鈉，俗稱冰西。以往常用於魚丸、油條、油麵、年糕、粽子等以增加韌性或脆度，還用於魚、蝦防止變黑，保持色澤，因為毒性較高，對人體健康有危害，我國及世界各國均嚴禁使用於食品，衛生單位積極建議國人採以品質改良劑「三偏磷酸鈉」（又稱「代用硼砂」）代替。

◆鑑別

因為硼砂是鹼性，可以用紅色石蕊紙來試驗。如果顏色變藍，則表示可能含有硼砂，選購蝦時，可參用此法。

(五)亞硝酸鹽、硝酸鹽

◆作用

用亞硝酸鹽、硝酸鹽來醃肉製作香腸、火腿、臘肉等已有長久的歷史，其目的是抑制細菌的腐化作用，還可以使肉類產生朱紅色和特殊之風味，但若使用超過限量，對人體是有害的（**圖10-9**）。

◆限量

硝是硝酸鹽和亞硝酸鹽之俗稱。目前我國食品添加物之規定限量如**表10-1**。

◆用法

由於使用量極少，不易混合，使用時可將計算好定量的硝，用適量的

圖10-9　火腿等醃肉製品若加硝酸鹽或亞硝酸鹽每公斤殘
餘量不得超過0.07公克

表10-1　食品添加物之規定限量

食品添加物 食品	規定限量	
	硝酸鹽	亞硝酸鹽
香腸、火腿等肉製品及魚肉製品	每公斤放0.07公克以下（以NO_2殘留量計為0.07g/kg）	每公斤放0.07公克以下（以NO_2殘留量計為0.07g/kg）
生鮮肉類、生鮮魚肉類	不得使用	不得使用

水使之完全溶解或預計的調味料如鹽、醬油等，先行混合，然後再用浸漬或噴灑的方法，使溶解的硝容易均勻的塗布在肉品的表面上。

二、醬油及醋的選購

醬油與醋的選購要領如下：

1.選購大廠牌或知名廠牌，其品質較有保障。醬油選購時，以不含單氯丙二醇化學成分，不具有3-MCPD者較優，最好選甲等或遵循古法天然釀造者為佳。

2.注意包裝是否完好，尤其須注意瓶蓋是否有生鏽跡象。

3.注意包裝上的標示，一定要有製造商的名稱、地址、製造日期、保存期限，以及原料、營養標示、添加物名稱及用量。

三、油脂類的選購

油脂類可分植物油與動物油兩種。植物油如沙拉油、橄欖油、花生油、玉米油、葵花油、椰子油及麻油等；動物油如豬油、牛油、家禽類油脂。其選購要領如下：

1.油質清澈、透明度高（**圖10-10**），如果混濁不清，色澤暗沉、濃稠，就有可能是混入劣質油。
2.封口應完整無破損，且品名、營養成分、容量、有效日期及公司、廠址等均應標示清楚完整。
3.檢視等級，如橄欖油可認明原裝進口的包裝瓶上，是否為首次萃取的優質Extra Virgin或純的Pure等級，以避免買到低級油品，如滲混的Blend級橄欖油。
4.選購信譽卓著的廠牌，特別是有正字標記或食品GMP認證者。避免買來路不明的包裝食用油或油行零賣的散裝油。

圖10-10　選購油脂類以清澈、透明度高為佳

第三節　加工食品的採購

由於科技文明，食品加工技術日新月異，任何食物均可經加工處理製成各類型態的產品，例如各類醃製品、罐頭食品、冷凍冷藏食品，以及各式真空包裝的便利產品。這些加工食品由於經過特別處理，不但可儲存時間較久，價格也較低廉穩定，此外使用上也較便利。

例如符合國家優良產品標準GMP者（**圖10-11**），較有品質衛生保障。為使讀者更進一步瞭解加工食品的採購要領，茲分別就醃製品、罐頭食品以及冷凍食品的採購技巧，分述於後：

一、醃製品的選購

常見醃製食品很多，例如醬菜、醬瓜、發酵豆腐、發酵醬、鹹魚、臘肉等等。茲就選購時應注意的事項分述於後：

(一)醃菜

1.有完整的包裝：購買醃菜最好是買包裝精美且有廠牌、名稱標示者，因為有廠牌標示，代表廠商對產品的品質負責。

2.注意包裝上的標示：包裝上要有品名、內容物之成分、重量、容量、食品添加物及其含量、製造廠名、地址、製造日期、保存期限等標示。

圖10-11　符合國家優良產品的標識

資料來源：行政院農業委員會網站，http://www.gmp.org.tw/maindetail.asp?refid=101。

3.外觀與氣味良好者：通常色澤明亮，看起來有光澤的醃菜較佳，若是顏色灰暗其品質多半不良，不宜購買。

4.汁液澄清者：通常醃汁液都是很澄清的，否則很可能是微生物繁殖而造成液體混濁。

5.注意固液比：買包裝好的醃菜時，也要注意其固形與汁液的比例，因為汁液太少，醃菜的風味不易保存，且易變質。

(二)發酵豆腐

1.選購信譽卓著的優良廠牌。

2.注意包裝上的標示。

3.選購瓶蓋緊閉、瓶外乾淨、無油濕現象的豆腐乳，如果瓶外尚有一層透明的外包紙則更佳。

(三)發酵醬

發酵醬有豆瓣醬、辣椒醬、甜辣醬等多種，係烹調或進餐時常用的佐料，但因容易發霉變質，因此選購時必須注意下列幾點：

1.選購有完整精緻包裝的廠牌，因為包裝良好的產品，較衛生可靠且不易受汙染。

2.注意包裝上的標示，如品名、成分、營養標示、重量、食品添加物含量、製造廠商、地址及製造日期、保存期限。

3.注意瓶外是否乾爽，有無油濕情形，務必買封口良好、無破損、瓶外清潔者。

(四)鹹魚

鹹魚選購時，要注意外觀清潔色澤正常、魚肉組織堅實且略有鹽霜、無異色斑點及惡臭。

(五)臘肉

臘肉應注意選擇外表清潔，乾燥無塵汙，表面平直無毛；脂肪外表

有油光、橫切面為白色；瘦肉部分呈紅褐色、橫切面為淡桃紅色；風味正常，聞之有臘味香、無蟲霉以及無腐敗斑點。

二、罐頭食品的選購

一般食品如肉、魚、蔬菜、水果等都可以製成罐頭，罐頭食品主要係將食品置入空罐中，經過脫氧、密封後，再行高溫殺菌以達保存的目的。若殺菌或密封過程不完全時，罐頭食品則容易敗壞而不堪食用，因此在選購時須注意下列幾點：

(一)注意罐頭的外觀

◆罐型是否完整

首先檢查外型是否完好（**圖10-12**），如果罐頭四圍垂直，罐頭面和底部內凹，即為好的罐頭；反之，若罐頭面或底部高隆鼓起，且罐身凸脹，即表示罐頭不新鮮。

圖10-12　罐頭食品的選購須注意罐頭外觀是否完整、無損傷

◆外表是否有生鏽或刮痕

罐頭生鏽可能造成罐頭穿孔，微生物很容易入侵而使食物腐敗。罐身有刮痕或接縫歪曲、凹陷，此現象可能是在搬運或儲存時碰撞擦傷，此類罐頭不宜選購。

◆封口應緊密，無液汁流出

罐頭輕輕搖一搖，若有汁液滲出，則表示封口不緊密，微生物易汙染罐內食品，故不宜選購。

◆外觀宜乾淨

若瓶罐有油汙或髒汙現象，則表示產品儲存不當或閒置太久，其品質較差，不宜進貨。

(二)注意罐頭上的標示

◆製造日期和保存期限

檢查製造日期及保存期限。一般封罐情形良好者可保存二至三年。

◆內容量、固形量、填充液的標示

內容量是罐內所裝物品的總量，包括固形體（固體重量）及填充液（液體重量）。

◆添加物

有些罐頭標示會註明添加何種添加物。只要是符合行政院衛生署所規定的，即可安心購買。

◆重量單位

一般罐頭重量表示法如**表10-2**所示，選購時可依本身需要量來決定。

表10-2　常見重量標示

g（公克）	1台斤＝600公克＝16兩
oz（盎司）	1盎司（約28.3公克）
b（磅）	1磅＝16盎司（約454公克）

◆營養成分表

一般罐頭標示上，印有營養成分表，可瞭解其營養素，以及它是否適合某種體質或患有某些疾病的人食用，以便參考。選購罐頭食品，除了前面所談到的幾點外，尚可由聲音來辨別：

1. 新鮮的罐頭在開啟時，會有輕脆的「嘶」聲。若無，則為劣品。
2. 將罐頭平放輕叩，水果罐頭以聲音清響較佳；魚罐頭、蔬菜罐頭則以聲音沉重較好，若聲音宏亮，則是充滿空氣的壞罐頭。

三、冷凍食品的選購

近年來冷凍食品深受一般消費者及餐飲業者喜愛，市面上各式冷凍冷藏食品不斷推陳出新，不但品質好、烹調方便、包裝精美、價格合理、衛生營養且安全可靠。不過冷凍食品採購時，仍須具備一些基本常識與選購技巧，茲分述如下：

(一)包裝完整

不論是用塑膠袋、紙盒、鋁盒、鋁箔包、真空包裝或塑膠盒包裝等，都要完整無缺，封口包裝若有破損，裡面的食物易變質與遭受汙染，因此選購時須特別注意。

採購達人

冷凍鏈係啥米？

為確保冷凍食品的食材風味、營養成分及衛生安全等均能維持在一定水準的良好品質。因此，冷凍食品自製備、倉儲、運送、銷售，一直到消費者購買及存放等系列流程，均需在-18℃以下進行，此系列鏈串式的低溫環境，稱之為冷凍鏈。

(二)標示說明

注意包裝上的標示事項說明是否詳實，例如食物名稱、重量、原料成分、營養標示、添加物、製造廠商名稱、地址、製造日期和使用期限。

(三)食品外觀

若包裝材質係透明材料，可直接由食物的外觀來做選擇。

1. 蔬菜類：形態完整、顏色正常，無乾燥現象是良品；若有破碎、顏色呈暗灰色，則品質較差。
2. 肉類：正常的新鮮肉類呈鮮紅色，冷凍肉因含有細小微量的冰結晶而顏色稍淡，若肉色變白，有脫水、乾燥之現象，則表示儲存過久，不宜選購。
3. 魚蝦類：選擇外形完整、顏色正常、有光澤者。

(四)質地堅硬

冷凍食品應儲存在-18°C以下，其質地堅硬且結實，若用手指按壓時，感覺很軟或潮濕有水時，則表示儲存溫度不夠，已開始解凍，此類食品應避免購買，因為冷凍食品一旦有解凍現象，品質將大打折扣。

(五)產品結霜

有些冷凍食品因溫差變化，產品解凍後再冷凍，或冷凍庫開啟次數太多及包裝不佳，此時產品會有嚴重沉積結霜現象，如果產品外表上有厚層結冰晶或凍傷痕跡，均可能為已化冰後，再冷凍的次級品，則不宜選購。

學習評量

一、解釋名詞

1. 食品添加物
2. 冰西
3. Molecular Gastronomy
4. Extra Virgin

二、問答題

1. 台灣常見的菇類有哪些？請摘述其選購要領。
2. 燕窩係高級南北貨的食補珍品，你知道如何正確選購燕窩嗎？
3. 何謂「魚翅」？你知道如何選購上等魚翅嗎？
4. 選購辛香料時，須注意哪些事項？試述之。
5. 當你前往超級市場選購香味料時，你會依據哪些要件來選購？試述之。
6. 選購罐頭食品時，你認為須注意哪些事項？試述之。
7. 冷凍食品選購時須具備哪些基本常識或技巧？試申述之。

Chapter 11

一般飲料與酒類的採購

單元學習目標

- 瞭解咖啡的類別與特性
- 瞭解咖啡選購的要領
- 瞭解茶葉的類別與特性
- 瞭解茶葉選購與鑑賞的方法
- 瞭解各類包裝飲料的選購技巧
- 瞭解洋酒的類別與特性
- 瞭解國產酒的類別與特性
- 培養各類洋酒與國產酒的選購技巧

　　「飲料」是餐飲營運主要產品之一，也是餐飲企業毛利最高的一項產品。飲料包含酒精飲料以及非酒精性飲料兩大類。飲料的採購較之其他物料要省事簡單多了，唯須特別注意採購規格要明確。以酒類採購規格為例，其內容必須包括品名、品牌名稱、用途、年份、酒精度、容量、包裝、產地、保存方式及單價等項，至於一般飲料之採購規格則較為簡單，不必詳列年份、酒精度、用途。

第一節　一般飲料的採購

　　餐飲業的飲料當中，以咖啡與茶兩類飲料最受歡迎，銷售量也較大，其次則為一般果汁、礦泉水或汽泡水。

一、咖啡

　　由於咖啡具有一種獨特的香味，且能提神解勞，因此在餐廳它是很受歡迎的飲料。

(一)咖啡的品種

　　目前世界常見的咖啡均散布在赤道一帶，其品種主要有下列數種：

◆**阿拉比卡種**（Arabica）

　　此豆子呈青綠色，粒子瘦小，有特殊香味、甘、苦。巴西、哥倫比亞、瓜地馬拉、衣索匹亞等地咖啡均屬阿拉比卡種，此品種品質最優異，深受消費者所喜愛，市場占有率達85%以上。

◆**羅姆斯達種**（Robusta）

　　大多產於印尼爪哇島上，耐旱耐蟲、味苦，但苦中帶香，尤其冷卻後，有獨特香醇味道，適於調配冰咖啡。

◆**利比里加種**（Leberica）

　　此品種數量極少，大部分用於綜合咖啡及製造咖啡精。

(二)常見的咖啡種類

咖啡由發現至今已有三千多年的歷史了,消耗量一直有增無減,於是有人將咖啡品種移植到世界各地,根據各國特有的土壤性質,加以改良栽培,因此產生了不同品牌的咖啡,且多以國名、產地或輸出港命名之。茲將目前較常見之咖啡(**圖11-1**)名稱分述於後:

◆巴西山多士咖啡

產於南美的巴西,產量占世界第一,屬阿拉比卡種,由於巴西咖啡,輸出港為山多士(Santos),故以其命名之。該咖啡品質佳,味甘、香醇可口,略帶點酸苦味,適合與其他咖啡調配為綜合咖啡。

◆哥倫比亞咖啡

產於南美洲赤道中心的哥倫比亞,該國咖啡產量占世界第二位,僅次於巴西,亦屬阿拉比卡種。該咖啡味道香醇甘滑,略帶點酸性,不論單飲或調配綜合咖啡均適宜。

◆藍山咖啡

產於加勒比海西印度群島牙買加的藍山咖啡,屬阿拉比卡種,味道香醇可口,喉韻十足,是當今全世界咖啡中的極品,也是作為品評咖啡的基

圖11-1　咖啡以阿拉比卡種為多

準。此咖啡豆形狀較之其他咖啡原豆還要圓碩肥大,為其主要特徵,惜產量不太多,故價格較昂貴。

◆摩卡咖啡

產於葉門、衣索匹亞等地,屬阿拉比卡種。此咖啡豆子呈青綠色,風味相當獨特,具有特殊香味、甘醇滑口,深受消費者所喜愛,其中以葉門所產摩卡咖啡品質最好。此咖啡不論單飲或調配綜合咖啡皆適宜。

◆曼特寧咖啡

產於印尼的蘇門答臘,亦屬阿拉比卡種,該咖啡芳香味濃,甘醇順口,略帶微苦,風味特殊,適合單飲。

◆瓜地馬拉咖啡

產於中南美的瓜地馬拉,豆子略呈長形,呈青色有光澤,與哥倫比亞咖啡豆狀類似,此咖啡味道香醇,略帶酸味,適合調配綜合咖啡。

◆牙買加咖啡

此咖啡產於加勒比海西印度群島的牙買加,亦屬阿拉比卡種。牙買加咖啡香氣撲鼻,甘醇滑口,微帶酸苦味,其品質僅次於藍山咖啡,極適宜單飲或調配綜合咖啡。

◆薩爾瓦多咖啡

產於中美洲薩爾瓦多,此咖啡屬強酸中甘,香醇並略帶苦澀。

◆爪哇羅姆斯達咖啡

產於印尼的爪哇島,屬於羅姆斯達種,味道極苦,但苦中帶有香味,尤其冷卻後具有獨特的香醇甘味,故適宜調配冰咖啡,此咖啡因味道較苦,目前很少國家栽植,故產量亦不多。

◆其他

其他產咖啡國家尚有秘魯、肯亞、象牙海岸等。

(三)咖啡的選購

目前台灣市面上所飲用的咖啡大多屬阿拉比卡種,約占85%以上,常

台灣咖啡的故鄉──古坑咖啡

古坑鄉舊稱為「庵古坑」，被譽為「台灣咖啡的原鄉」。正值北回歸線上的古坑，日照和雨量均十分充沛，所產的台灣原生咖啡，甘甜香濃又不苦澀，自有一番台灣在地風味，屬於世界極品咖啡。

台灣咖啡從育苗至收成需四年時間，經濟效益約三十年，為亞熱帶性植物。咖啡花呈白色、單體、5花瓣，味似茉莉，多在春天開花，但會受氣候因素影響而不一定。生長期間可自行授粉不需媒介，所以開多少花即結多少果，呈綠色圓形，漸呈黃色再至紅色為成熟，此時即可採收，最後再經乾燥烘焙而成。採收烘焙後之咖啡豆，比進口還香醇，國外進口的咖啡略有苦澀的味道，而台灣豆即使不放糖，喝起來都有甘美的味道，香濃韻足，那種停留在口腔內的濃稠感，連牙買加的藍山咖啡也望塵莫及。

圖11-2　台灣的咖啡樹

資料來源：古坑鄉公所網站。

見的有巴西咖啡、摩卡咖啡、藍山咖啡、哥倫比亞咖啡，以及台灣古坑咖啡。

烘焙是影響咖啡風味的主要關鍵，咖啡豆的烘焙火候可分為輕焙、中焙、重焙等三種。輕火烘焙的咖啡，顏色較淺、味道較酸；中火烘焙的咖啡則酸味、苦味適中；而重火烘焙的咖啡則色澤較濃、味道較苦。至於選用哪一種咖啡較好，則端視客人需求與偏好而定。此外，市面上尚有一種炭火烘焙咖啡，不但能保留咖啡原豆香味，更具炭火燒烤風味，甚受消費

者歡迎。

餐廳可針對不同咖啡豆的特性研磨需要的粗細。粗粒的用於煮或蒸餾，一般沖泡用中粒的，而過濾式則採用細粉狀的。通常一般西餐廳以一至二種品牌咖啡供應即可，至於以咖啡為訴求的專賣店則可準備多種品牌咖啡，以滿足不同客人之需求。此外，購買咖啡豆或咖啡粉，以一星期的消耗量為限，並應保存於陰涼乾燥處。

二、茶

當今全球各地的飲茶習慣係源自中國，在唐朝即有文人陸羽所著的《茶經》，如今茶文化已成為一種世界文化，同時也是目前餐廳極為重要的餐後飲料。

(一)茶的類別

茶的種類很多，主要差異在於烘焙製作之發酵程度不同，一般可分為不發酵、半發酵及全發酵茶等三大類。

◆不發酵茶

所謂「不發酵茶」，係指未經過發酵的茶，所泡出的茶湯呈碧綠或綠中帶黃的顏色，具有新鮮蔬菜的香氣，即我們所稱的「綠茶」，如抹茶、龍井茶、碧螺春、煎茶、眉茶及珠茶等均屬之。

◆半發酵茶

所謂「半發酵茶」，係指未完全發酵的茶，如一般市面上常見的凍頂烏龍茶、鐵觀音、金萱、東方美人茶、武夷茶或包種茶等均屬之。這類茶又因製法不同，泡出的色澤從金黃到褐色，香氣百花香到熟果香，為此茶之特色。至於香片係以製造完成的茶加薰花香而成，如果薰的是茉莉花，即成茉莉香片，茶中有花的乾燥物；若茶葉不含茉莉花則為非正規之香片，係以人工香味薰香而成。

◆全發酵茶

所謂「全發酵茶」，係指經過完全發酵的茶，所泡出的茶湯為朱紅

圖11-3　紅茶與甜點

色，具有麥芽糖的香氣，也就是我們所稱的「紅茶」。其外形呈碎條狀深褐色，純飲或調配皆適宜。歐美各國西餐所謂的茶係指此類的紅茶而言（**圖11-3**），如伯爵茶、錫蘭茶均屬之。紅茶以中國的祁門紅茶、印度的大吉嶺與阿薩姆紅茶，以及斯里蘭卡的錫蘭紅茶最負盛名。此外，雲南普洱茶也屬於此類全發酵茶。

　　為使讀者能進一步瞭解，茲將目前台灣主要茶葉的識別方法摘介供參考如**表11-1**。

(二)茶的選購

　　選購茶葉時，可依據下列幾種方法來鑑別選購：

◆從茶乾上辨別

1.茶葉是否乾燥良好：買茶葉首先用手觸摸，看看茶葉乾燥度是否良好，如果有點回軟，表示茶葉已受潮變質。
2.葉片是否整齊：察看茶葉是否整齊，好的茶葉應無黃片、茶角、茶末、雜物或茶梗存在。

表11-1　台灣主要茶葉的識別

類別 項目	不發酵茶 綠茶	半發酵茶 烏龍茶／青茶					全發酵茶 紅茶
發酵度	0	70%	40%	30%	20%	15%	100%
茶名	龍井	白毫烏龍	鐵觀音	凍頂茶	茉莉花茶	清茶	紅茶
外形	劍片狀	自然彎曲	球狀捲曲	半球捲曲	細（碎）條狀	自然彎曲	細（碎）條狀
沖泡水溫	80℃	85℃	95℃	95℃	80℃	85℃	90℃
湯色	黃綠色	琥珀色	褐色	金黃至褐色	蜜黃色	金黃色	朱紅色
香氣	茉香	熟果香	堅果香	花香	茉莉花香	花香	麥芽糖香
滋味	具活性、甘味	軟甜、甘潤	甘滑厚，略帶果酸味	甘醇、香氣、喉韻兼具	三分花香七分茶味	清新爽口、甘醇	調製後口味多樣化
特性	主要欣賞茶葉新鮮味，維他命C含量多	外形、湯色皆美，飲之溫潤優雅，有「膨風茶」或「東方美人茶」之稱	因品種得名，口味濃郁持重	由偏口、鼻之感受，轉為香氣與喉韻並重	以花香烘托茶味，深受大眾喜愛	入口清香飄逸，屬口鼻之感受	冷飲、熱飲、調味或純飲皆可
產地	新北市三峽	苗栗老田寮與文山茶區	木柵	南投縣鹿谷鄉	－	文山茶區	魚池、埔里

3.條索是否緊結：條索是茶葉揉成的形態，好的茶葉條索緊結，且有一定的規格（**圖11-4**），如龍井茶是劍片狀、清茶自然彎曲不宜太捲、凍頂茶揉成半球如條龍、鐵觀音緊結成球狀、香片細條切成碎片。

4.顏色與香氣：好的茶葉呈現「寶」色，焙火重的顏色變深而漸失光澤，好的輕發酵呈青蛙皮的顏色，其次用盤將茶葉拿近鼻子連續深聞幾下，如果是好茶則香氣清純，焙火重的烏龍茶是果香、紅茶是麥芽糖香。

◆ 透過玻璃杯辨別

1.鑑別茶最好的方法，就是泡在玻璃杯辨別。放一點茶在玻璃杯，熱水一沖，茶葉先浮在上面，等吸收熱度、溼度後，茶葉開始慢慢下沉，而後舒展開來。

2.好的茶葉一沖泡，茶葉舒展得很順利，茶汁分泌很旺盛，如果茶葉

圖11-4 茶葉要乾燥，條索要緊結

還是硬梆梆，水色依然清淡，那就不是好茶了。

◆ **從茶渣香味辨別**

1.在第一道水沖了就倒掉的「溫潤泡」之後，將壺蓋打開，這時茶香裊裊上升，茶香具揮發性，經熱水一泡，紛紛飄香，好茶一聞，未喝已入醉三分。

2.喝完茶，茶渣冷卻後，將茶渣振動一下，好茶的香味猶存，如不好的茶葉，香味早已消失殆盡了，這也是鑑別茶葉好壞的方法之一。

◆ **從茶湯中辨別**

1.喝一口，含在嘴裡先不動，這時茶香會往上衝，衝到上顎感應到鼻腔，這是體會茶香的好時刻，然後讓茶湯在口腔裡振動一下，體會茶葉的滋味，分辨湯質的甘醇、苦澀、濃稠、淡薄、活性、刺激性及收斂性等。

2.上好的紅茶，湯呈琥珀色，有甘香無澀味；綠茶顏色碧綠散發出一種清香；包種茶呈金黃色，飲在口中有青果的香味；烏龍茶呈現橙紅色，有熟果味的芳香。

3.如果色澤混濁，有青草味和澀味，甚至第一泡過後，便淡而無味，

這些都不是好茶。

綜上所述，選購茶葉可分別從茶形、茶香、茶色、茶味等四方面來加以評鑑茶葉的優劣。易言之，吾人可先觀察茶葉本身乾燥度、色澤是否良好，葉片是否整齊、條索是否緊結，再聞茶香是否香氣清純，觀察茶湯是否有雜質、色澤是否宜人，然後再體驗茶湯的滋味，以清香、甘醇具喉韻為上品。

三、一般飲料的選購

一般飲料如汽水、可樂、果汁、牛奶、茶、咖啡、礦泉水及機能性飲料等，其包裝有箱裝、鋁箔包、紙包裝、利樂包、瓶裝及罐裝等，其選購應注意下列幾點：

1. 包裝應密封完整、無破損、漏氣之現象。
2. 包裝上應標示清楚，有品名、廠名、地址、內容物、營養標示、製造日期及保存期限（**圖11-5**）。

圖11-5　飲料包裝應完整無破損，且須標示製造日期及保存期限

3.固有色澤及氣味，且無夾雜物及其他雜質。

4.無凝聚及其他變質結塊等現象。

5.瓶裝者將瓶身慢慢橫轉倒立，經光線照射，透明無沉澱物及混濁現象。若為混濁製品，則不得有沉澱物，唯果汁製品不在此限。罐裝者，瓶蓋向內凹者，內容未變，才是新鮮的。

第二節　酒類的選購

現代人重視生活藝術，講究生活情趣。由於酒能慰藉人們情緒，宣洩人們情感，美化社交生活，因此無形中成為現代人日常生活藝術化所不可或缺之催化劑，由於其利潤遠高於餐廳其他菜餚，所以也是餐廳營運收入極重要的來源。

一、洋酒方面

(一)釀造酒

是指將水果、穀類等原料，如葡萄、荔枝、麥芽等等，經過糖化、發酵、浸漬、過濾及儲存等步驟而製成的酒。此酒精濃度約15～20%之間，如紅、白葡萄酒（**圖11-6**）、香檳酒（**圖11-7**）、啤酒及各式水果酒即是例。

圖11-6　紅、白葡萄酒

圖11-7　香檳酒

(二)蒸餾酒

是指將水果、穀類、甘蔗或龍舌蘭發酵後產生出來的酒,再經過蒸餾、儲藏手續而製成的酒。其酒性較烈,酒精濃度約在40～95%之間,也就是一般所謂的烈酒,如威士忌(Whisky)、白蘭地(Brandy)、伏特加(Vodka)、琴酒(Gin)以及蘭姆酒(Rum)等均屬此類酒,由於上述這些烈酒均為調製雞尾酒所常用之基本酒,因此又稱為基酒。

◆威士忌

威士忌係以大麥、黑麥、玉米等穀物為主要原料,經糖化、蒸餾、儲藏而成,其酒精濃度約在40～45%之間。由於原料、水質及製作、儲藏技術之不同,因此當今世界有許多不同品牌之威士忌問世,不過其中較負盛名者有蘇格蘭威士忌(**圖11-8**)、愛爾蘭威士忌、美國威士忌及加拿大威士忌。

◆白蘭地

是以葡萄或水果為原料,經發酵、蒸餾手續後,再儲存於橡木桶中之陳年老酒。目前世界各國幾乎均有生產白蘭地,如法國、西班牙、葡萄牙、美國,其中以法國康涅克(Cognac)干邑區所出產之白蘭地最為有名(**圖11-9**)。

圖11-8　蘇格蘭威士忌

圖11-9　法國干邑白蘭地

軒尼詩XO干邑

西元1870年軒尼詩（Hennesy）首創「XO」等級，代表Extra Old 之意。它係取法國干邑Cognac葡萄產區的葡萄汁蒸餾得出的生命之水，再混合一百多種不同年份葡萄酒蒸餾液後，予以放入木桶陳釀六年以上，始調配出風味絕佳、口感濃郁的XO干邑白蘭地。

◆伏特加

是以馬鈴薯及其他穀類，經發酵與重複蒸餾而成，因此其酒精濃度極高，可達95%，為一種無色、無味之烈性酒。目前伏特加酒以俄羅斯所產的最負盛名。

薄酒萊浪漫日

對浪漫的法國人來說，每年11月的第三個禮拜四是個值得歡慶的日子，因為11月初，法國薄酒萊將陸續裝運分送至世界各大城市，而全球也將在每年11月第三週的星期四同步舉行開酒儀式，因此全球酒黨也將當天訂為「薄酒萊日」。

薄酒萊區（Beaujolais）係法國著名紅酒產區之一，位在勃根地南部的小鎮。此區酒莊所種植的葡萄係採用與眾不同的嘉美（Gamay）葡萄品種為主，經由特殊發酵方法將此葡萄釀製成風味清新、芳香不澀、清淡爽口、單寧酸低的紅酒。此種未經橡木桶儲存發酵的紅酒，係以每年9月間採收的新鮮葡萄釀製，並於同年11月的第三個星期四在全球同步上市，並舉行盛大開酒儀式。由於此區所產的紅酒，自採收、釀造、裝瓶上市銷售等全程甚短，因此將此區所產的紅酒冠以薄酒萊新酒（Beaujolais Nouveau）之美譽。

◆琴酒

又稱「杜松子酒」，係以穀物及杜松子為主要原料蒸餾而成，由於酒精濃度高達40～50%且有特殊芳香，因此極受人喜愛，為當今調製雞尾酒最為重要之基酒，故有「雞尾酒的心臟」之稱。

◆蘭姆酒

是以蔗糖為原料，經過發酵、蒸餾手續而成，其酒精濃度約在40～75%之間。目前世界各國所產之蘭姆酒很多，但以牙買加所產較為有名。

(三)合成酒

又稱再製酒，係以烈酒為基酒，再加上各式添加物如香料、果實、蜂蜜及藥材等物予以釀煉而成，如各類香甜酒或烏梅酒等均屬之。其酒精濃度則視酒類成分而定，通常這類酒均摻有糖分，是當今歐美餐飲業調配雞尾酒不可或缺之重要配料（**圖11-10**）。

圖11-10　合成酒是調配雞尾酒不可或缺的配料

二、國產酒方面

(一)釀造酒

◆紹興酒、陳年紹興酒

係以糯米、麥麵、米麵為原料，經發酵、儲藏、調製而成，其酒精濃度為16%。陳年紹興酒係經儲藏五年以上之老酒，酒精濃度為18%（**圖11-11**）。

◆花雕酒

係選用上等米麥，從酒藥中分離及篩選出最優良之糖化菌及醇品，精心釀製而成，再以陶質酒甕長年儲藏，使其醇化，酒質溫香濃郁，黃澄透明，氣味芬芳，其酒精濃度為17%，為紹興酒系之上乘醇酒。

◆啤酒、生啤酒

啤酒係指用大麥芽、蓬萊米及啤酒花為原料，經糖化後，在低溫下發酵、儲藏、過濾後裝瓶，裝瓶後經殺菌處理者稱為啤酒，而未經殺菌處理者為生啤酒。啤酒含豐富的蛋白質、維他命，是夏日消暑的聖品，其酒精濃度為4.5%（**圖11-12**）。

圖11-11　紹興酒與陳年紹興酒

圖11-12　啤酒

◆白葡萄酒

係採用白葡萄汁釀造，酒質香醇，具有新鮮水果之風味，且含有豐富的葡萄糖、維生素、礦物質等營養成分，冰冷至10℃飲用尤佳，其酒精濃度為13.5%。

◆葡萄蜜酒

係採用紫葡萄汁釀造，色美味香，為理想開胃酒，含有豐富營養成分，其酒精濃度為10.5%。

◆玫瑰紅酒

係以紅葡萄、白葡萄及糖蜜三者混合釀造而成，酒質具有紅白葡萄的清香，營養成分高，其酒精濃度為10.5%，加冰塊飲用口感更佳（圖11-13）。

◆荔枝酒

係以精選之上等新鮮荔枝，在低溫下精釀而成的水果酒，酒質醇厚，色美味香，其酒精濃度為14.5%。

◆黃酒

係以上等蓬萊米及小麥為原料釀製而成的，質醇味美，芬芳澄澈，色如琥珀，其酒精濃度為17%。

圖11-13　玫瑰紅酒

◆紅露酒

　　係採用糯米與紅麴為原料，在密閉式發酵槽內糖化、發酵後，壓榨製成半製品，再裝入酒甕儲藏後裝瓶供應，其酒精濃度為16%。

(二)蒸餾酒

◆高粱酒

　　高粱酒為我國代表性酒類之一，係採用高粱為原料，其酒精度極高，高達60%，為烈酒中之逸品。

◆白蘭地

　　係以葡萄酒為原料，經蒸餾後，在橡木桶內儲存五年以上再裝瓶包裝，質醇味美，氣味芬芳，其酒精濃度為42%。

◆米酒

　　係以米類及雜糧為原料，經糖化、發酵與蒸餾而成，酒質清純，其酒精濃度為22%，紅標料理米酒酒精濃度為19.5%（**圖11-14**）。

◆米酒頭

　　米酒頭所採用原料製作過程與米酒一樣，係採米類及雜糧為原料，經糖化、發酵、蒸餾而成，但唯一不同點為米酒頭係採用最先蒸餾出來的酒，因此其酒質純度較米酒佳，濃度也較高，約為35%。

圖11-14　一般米酒酒精濃度為22%，但料理米酒通常為19.5%

◆稻香酒

稻香酒係全部以米為原料，經發酵、蒸餾而成，為米酒類等級較差的一種，不宜單飲，但適用於調酒與烹調用，其酒精濃度為22%。

◆蘭姆酒

係以蔗糖為原料，經發酵、蒸餾後再裝入橡木桶儲藏五年以上，品質良好味美，其酒精濃度為40%。

◆威士忌

威士忌係以大麥等穀物為原料，經糖化、蒸餾再裝入橡木桶內儲存而成，其酒精濃度為40%。

◆伏特加

伏特加係以馬鈴薯、甘蔗糖蜜及酒精為原料，經發酵及重複蒸餾而成，其酒精濃度為40%。

◆大麴酒

是採用高粱及麥麴為原料，以改良古法製造，並經長期儲藏，甘冽醇厚，為烈酒之上品，其酒精濃度為65%。

(三)再製酒

◆竹葉清酒

係以高粱、小麥、綠豆等混合後釀製成半製品，再與竹葉浸製而成。酒色天然、淡綠，氣味甘醇，其酒精濃度為45%。

◆雙鹿五加皮酒

係採上等高粱酒和天然中藥材配製而成。酒質高貴，色美味香，其酒精濃度為48%。

◆參茸酒

係精選鹿茸、人參及天然植物浸泡高粱酒調製而成，風味甘醇，其酒精濃度為30%。

◆玫瑰露酒

係採用特產高粱酒為原料，酒質馥郁甘冽，為我國名酒之一，其酒精濃度為44%。

◆長春酒

係選用品質優良米類，經發酵釀製而成的，酒質醇厚，其酒精濃度為35%。

◆龍鳳酒

係以米類釀製的高濃度酒類，浸漬中藥材而成，含豐富之維他命、礦物質、胺基酸、醣類，其酒精濃度為35%。

◆烏梅酒

係採用新鮮梅子、李子為原料，經浸漬再與烏龍茶混合調製而成，品質醇厚，風格獨特，適於調製雞尾酒，其酒精濃度為16%。

三、洋酒與國產酒的採購原則

無論洋酒或國產酒，其利潤均高於餐廳一般菜餚，可以說是餐廳極為重要的營運收入來源。不過酒類的品質不但不容易評估，且其品牌、價格高低差異甚大，因此餐廳在酒類選購時應特別注意下列幾項原則：

(一)符合餐廳營運型態特性

市面上酒商雲集，且酒類互異，如何在這林林總總的酒類產品中選購所需的品牌，的確是相當困難的一件事。唯基本上最重要的考量因素是須符合餐廳本身營業特性，例如海鮮餐廳應以啤酒、生啤酒、葡萄酒為主；中餐廳則以國產酒中的啤酒、生啤酒、紹興酒、陳年紹興酒或高粱酒為主；至於西餐廳的酒吧則須以洋酒中的各種基酒為主，其餘酒類為輔（圖11-15）。

(二)符合顧客的需求

餐廳選購何種品牌酒類，除了考慮餐廳本身營業特性外，最重要的是

圖11-15　西餐酒吧所擺設的酒類以洋酒中的基酒為主

須能滿足目標市場消費者之需求。餐廳業者在採購酒類時，應特別注意來店消費的顧客層級、水準高低以及其消費習慣，再據以購買適質、適價、適量的酒類，如果忽略此顧客需求因素，則任何酒類採購均將造成餐廳資金閒置與浪費。

(三)配合餐廳菜單與供食服務方式

高級餐廳所提供的餐點與服務，一般而言均比較精緻且專業化，因此所需搭配的酒類品牌也較高級。例如豪華法式餐廳不但供應飯前酒（圖11-16）、佐餐酒，還提供飯後酒，一客正餐至少須供應三種以上不同品牌的酒，因此餐廳須備有自用酒窖，以便儲存各種品牌的酒備用，當然這類型餐廳以及專業酒吧或Pub所需採購的酒類也最多，以滿足各種不同客層的需求。

圖11-16　高級餐廳所供應的餐前酒

(四)配合餐廳銷售量與酒窖倉儲空間

餐廳選購酒類的數量與種類多寡，最重要的考量因素是銷售量與儲存空間。銷售量大的酒類可多進一點貨，但應兼顧儲藏空間，如酒窖是否足夠，否則容易遭竊或變質（圖11-17）。

(五)熟悉各種品牌酒的特性與用途

選購酒的時候，必須先瞭解其用途、產地、年份、口味、酒精度、容量、包裝及價格等因素，因為這些因素均會交互影響左右酒的品質，所以選購時不可掉以輕心，應加慎重考慮。如蘇格蘭威士忌與干邑白蘭地，均是以產地聞名於世的酒類極品，無論是價格、口味、品質均高於其他地區同類酒。此外，年份不同的酒其等級與口感也不同，類別不同其酒精濃度也互異，凡此種種因素，在採購時均須加以注意。

(六)供應商的價格與服務

酒類的貨源主要可由運酒商、批發商、酒廠等三處來採購，但切忌採購來源不明的酒類。如何選擇理想酒的供應商，最重要的考量是進貨價格要具有市場競爭力，以及能提供完善的售後服務，如準時或緊急採購的送貨、酒類專業知能研習訓練等等互惠措施服務。

圖11-17　現代餐廳的酒窖備有各種品牌的酒備用

學習評量

一、解釋名詞

    1.Arabica

    2.Robusta

    3.Leberica

    4.Whisky

    5.Brandy

    6.Gin

二、問答題

    1.目前市面上常見的咖啡品種有哪幾種？試述其特性與產地？

    2.台灣喝咖啡的人口成長甚快，請問你知道如何正確選購咖啡嗎？

    3.市面上常見到的藍山咖啡、曼特寧咖啡、摩卡咖啡等，其產地與咖啡特色你瞭解嗎？試簡述之。

    4.茶的種類可分為哪幾類？試舉例說明之。

    5.茶道是我國傳統飲食文化之一環，你知道如何鑑別茶的品質嗎？

    6.餐廳選購酒類時，須考量哪些原則？請想一想。

Chapter

12

餐廳營運器皿與設備的採購

單元學習目標

- 瞭解餐廳各類備品與器具之材質特性
- 瞭解餐廳布巾類採購的專業知能
- 瞭解餐廳桌椅採購的技巧
- 瞭解餐廳各類手推車選購的要領
- 瞭解餐廳設備與器皿選購的基本原則
- 培養餐廳設備與各類生財器具採購的能力

　　現代餐飲業為求有效營運，在規劃之初，對於各部門所需設備器皿，除了考慮其性能、效率外，更應注意其體積大小、空間組合、色系搭配，以及餐廳本身營運特性與財務狀況，須先做最經濟有效的組合。本章將介紹當今餐廳所需的生財營運設備，期使讀者對餐廳設備器皿採購有一正確基本認識。

第一節　餐廳備品與生財器具

　　現代餐飲業為求有效營運及提升餐飲服務品質，十分講究餐廳服務器皿，尤其是餐桌服務的餐廳，對於桌面擺設物品如刀叉匙、餐巾、杯皿、調味料盅罐及花瓶等器皿或飾物均甚重視。此外，對餐桌擺設（Table Setting）及餐飲服勤所需器具均有一定的作業規範。

一、布巾類（Linen）

　　餐廳的布巾種類很多，有檯布、餐巾、臂巾，以及廚房用布巾等多種。茲就餐廳常用之布巾分別介紹如後：

(一)檯布

1. 檯布（Table Cloth），另稱桌布，可分大檯布與小檯布兩種。檯布的顏色一般均以白色為多，至於主題特色餐廳所使用的檯布顏色，往往為營造餐廳獨特氣氛而在色彩上較具變化。
2. 檯布之尺寸須配合餐桌大小而定，採購時，這一點須特別注意。通常其長度以自桌緣垂下約30公分為標準（**圖12-1**），此長度剛好在座椅面上方為最理想，唯四邊下垂須等長。

(二)檯心布

　　檯心布（Top Cloth），另稱頂檯布、上檯布，其尺寸較檯布小，大部分與桌面規格一樣或稍大一些，其顏色通常較鮮艷亮麗。除了可增添餐廳用餐情境氣氛外，也可避免餐桌檯布的汙損，且便於清洗更換。

圖12-1　餐廳的檯布須配合餐桌規格大小而定，
原則上自桌緣垂下30公分為標準

(三)餐巾

1.餐巾（Napkin），俗稱口布，其規格乃依餐廳類型及用餐時段而異。不過大部分餐廳均採同一規格為多，以節省支出。

2.餐巾之尺寸自30～60公分正方均有，一般早餐餐巾最小約30公分、午餐餐巾為45公分、晚餐餐巾最大約50～60公分，因此餐巾在採購時，須先考量其用途與需求，始具效益。

3.一般酒吧或大眾化餐廳則以紙巾代替餐巾，尤其是酒吧大部分以約22.5公分正方之迷你紙巾為多。此外，另有一種裝飾用的紙巾稱之為Doily Paper。

(四)服務巾

1.服務巾（Service Towel / Service Cloth），係服務員在客人面前服務時，作為端送、搬運熱食碗盤時使用（**圖12-2**），其材質以棉布為佳，尺寸較之餐巾大一點。

2.服務巾須特別訂購，絕不可以客人使用的口布來代替，以免影響服務品質及衛生。

圖12-2　服務巾為服務員服務時，作為端送熱食碗盤時使用

(五)桌裙

1. 桌裙（Table Skirt）係一種餐桌之圍裙，通常以綠色、紅色、粉紅色等亮麗色彩的布，以百葉裙摺法來縫製（**圖12-3**）。桌裙的長度不一，一般可分大、中、小三種規格；至於高度則較餐桌高度短少些，原則上距地面約5公分（2吋）即可。

圖12-3　桌裙與餐巾

2. 桌裙選購時須特別注意色澤、材質及尺寸大小，以彰顯餐廳的品味。

(六)靜音墊

1. 靜音墊（Silence Pad）係一種「餐桌襯墊」，另稱寧靜墊、安靜墊，通常是固定於桌面或鋪設於餐桌面上。其目的除了保護桌

圖12-4　靜音墊

面、防止檯布滑動之外，同時具有防止噪音、吸水及防震之效果。
2. 靜音墊之材質很多，如毛呢、海綿或橡膠軟墊等等（**圖12-4**），唯其尺寸須與餐桌面大小一樣。採購時須特別注意其規格，以免因尺寸不符而影響桌面檯布鋪設作業。

(七)其他布巾類

餐廳之布巾除了上述各種以外，尚有各種廚房布巾（Kitchen Cloth），以及各種擦拭餐具專用布巾，如擦銀布、擦杯子等各種布巾，其用途有所不同，採購品名也互異，不可混淆使用。

為充分有效利用資源，節省布巾浪費並兼具環保之功，許多餐飲企業將有破損之口布等布巾在其上面以油性筆畫記，作為擦拭餐具及桌椅之用。

二、陶瓷類（Chinaware、Pottery）

(一)中餐餐具（圖12-5）

1. 骨盤（Bone Plate）：供客人裝菜餚或殘渣，也可作為餐具擺設定位之用。
2. 圓盤（Rim Plate）：供客人在宴席盛菜使用。
3. 味碟（Sauce Dish）：供客人裝調味料用。
4. 湯盅（Soup Tureen）：裝盛燉湯、魚翅類羹湯（**圖12-6**）。
5. 口湯碗（Soup Bowl）：供客人盛裝湯、羹有汁液的菜餚或甜點。
6. 湯匙（Soup Spoon）：用於舀取湯品。
7. 筷匙架（Chopstick Rest）：置放筷子與湯匙（**圖12-7**）。
8. 飯碗（Rice Bowl）：供個人盛裝白飯或麵食。
9. 茶杯（Tea Cup）：供品茗用。
10. 酒杯（Wine Glasses）：供飲酒使用。
11. 牙籤盅（Tooth-Pick Bowl）：裝牙籤用。
12. 茶壺（Tea Pot）：裝茶水用。
13. 大圓盤（Large Plate / Dinner Plate）：中餐宴席用的菜餚大餐盤。
14. 橢圓盤（Oval Plate）：供宴席裝盛魚類菜餚使用。
15. 大湯盤（Soup Plate）：供宴席裝盛湯汁較多的菜餚。

圖12-5　中餐餐具

圖12-6　個人用的湯盅附底盤

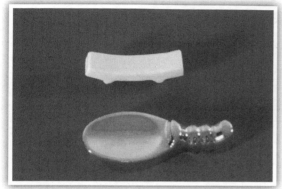

圖12-7　筷匙架

圖12-8　醬油壺及醋壺

16.酒壺（Wine Pot）：大部分供裝紹興酒用。

17.醬油壺、醋壺（Soy Sauce Pot、Vinegar Pot）：供裝醬醋調味料用
（圖12-8）。

(二)西餐餐具

1.服務盤（Service Plate）；展示盤（Show Plate）：餐桌服務擺設或定
位用的底盤。

2.主菜盤（Dinner Plate）：裝盛主菜如牛排、豬排使用（圖12-9）。

3.麵包奶油盤（Bread & Butter Plate / B. B. Plate）：可供裝盛麵包、奶
油或果醬。

4.點心盤（Dessert Plate）：裝盛點心或水果。

5.奶油碟（Butter Dish）：裝盛奶油、果醬用。

6.茶杯（Tea Cup）：西餐茶杯通常是指紅茶杯，也可以咖啡杯替代
（圖12-10）。

7.茶壺（Tea Pot）：裝紅茶用。

8.咖啡杯附底盤（Coffee Cup & Saucer）：供咖啡飲料用。

9.咖啡壺（Coffee Pot）：裝盛咖啡用。

10.奶盅（Creamer）：裝盛鮮奶或鮮奶油用。

11.西式湯碗（Soup Bowl）：西餐用於盛裝穀類粥品或湯品。

12.蛋杯（Egg Cup）：供盛水煮蛋用。

圖12-9　主菜盤

圖12-10　茶壺、茶杯、奶盅及點心盤

13.糖盅（Sugar Bowl）：用於裝盛砂糖或糖包。

14.牙籤盅（Tooth-Pick Bowl）：裝牙籤用。

15.鹽罐（Salt Shaker）：裝盛食鹽。

16.胡椒罐（Pepper Shaker）：裝盛胡椒粉。

17.調味料盅（Sauce Bowl）：裝盛醬汁用。

18.沙拉盤（Salad Plate）：用於裝盛沙拉、開胃菜（**圖12-11**）。

19.雙耳湯杯附底盤（Soup Cup & Saucer）：用於裝盛湯類（**圖12-12**）。

圖12-11　沙拉盤

圖12-12　雙耳湯杯

三、金屬類（Metal）

(一)扁平餐具類（Flatware / Cutlery）

◆刀類

1.牛排刀（Steak Knife）：此刀最銳利，刀刃雙面有鋸齒，較餐刀短一點，宜單獨存放，可供切割牛排、羊排用（**圖12-13**）。

2.餐刀（Table Knife / Dinner Knife）：刀刃單面有鋸齒形，另稱「肉刀」（Meat Knife），可供切割豬排等主菜使用。

3.魚刀（Fish Knife）：刀身較寬，刀口無鋸齒狀，用於切割魚肉或海鮮。

4.沙拉刀（Salad Knife）：食用沙拉或供切割水果用。

5.甜點刀（Dessert Knife）：刀身尺寸較小，食用點心或甜點用。

6.奶油刀（Butter Knife）：供塗抹奶油或果醬用。

◆叉類

1.餐叉（Table Fork / Dinner Fork）：另稱肉叉（Meat Fork），專供食用魚肉主菜用。

2.魚叉（Fish Fork）：供取魚肉或海鮮貝類用。

圖12-13　牛排刀與餐叉

3.切魚叉（Fish Carving Fork）：現場烹調切割用。

4.點心叉（Dessert Fork）：食用點心、水果用。

5.糕點叉（Pastry Fork）：用於叉取糕點。

6.沙拉叉（Salad Fork）：供應前菜或沙拉用。

7.服務叉（Service Fork）：專供服務人員分菜用。

8.蠔叉（Oyster Fork）：食用生蠔或挖取蠔肉用。

9.田螺叉（Escargot Fork）：食用田螺用。

10.龍蝦叉（Lobster Pick / Fork）：挖取龍蝦肉或螃蟹肉時使用（**圖12-14**）。

◆匙類

1.湯匙：(1)圓湯匙：喝濃湯（Potage）時使用；(2)橢圓匙：喝清湯（Consommé）時使用。

2.點心（甜點）匙（Dessert Spoon）：食用布丁、慕斯時使用。

3.小咖啡匙（Demitasse Spoon）：喝義式濃縮咖啡時使用。

4.茶、咖啡匙（Tea or Coffee Spoon）：僅供攪拌用，不可用它來進食。

5.冰淇淋匙（Ice Cream Spoon）：此匙略呈方形，為冰淇淋專用匙。

6.服務匙（Service Spoon）：可供服務員分菜用，或自助餐供客人取食用（**圖12-15**）。

7.葡萄柚匙（Grapefruit Spoon）：匙呈鋸齒狀，專供客人食用葡萄柚用。

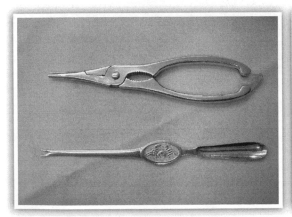

圖12-14　龍蝦鉗與龍蝦叉

圖12-15　自助餐供客人取食的服務匙

◆其他類

1.冰夾（Ice Tongs）：用於夾取冰塊。

2.田螺夾（Snail Tongs）：供客人夾取並固定田螺的夾子。

3.蛋糕夾（Cake Tongs）：供客人夾取蛋糕、點心用。

4.龍蝦鉗（Lobster Cracker）：供客人夾碎龍蝦或蟹殼用（**圖12-14**）。

(二)凹凸器皿類

餐廳凹凸器皿（Hollowware）另稱「中空器皿」，數量相當多，類別也互異，一般係供宴會與餐桌供食服務用。茲簡述如下：

1.洗手盅（Finger Bowl）：通常盅內放置七分滿的水，尚附加檸檬片及醋，供客人洗手去除腥臭味用。如供應生猛海鮮、蝦蟹類或半粒葡萄柚時須附上洗手盅。

2.醬料盅（Sauce Boat）：通常用來裝盛牛排醬，因其形狀類似天鵝，故有「鵝頸」之稱。

3.胡椒研磨器（Pepper Mill）：現磨胡椒粉供客人使用（**圖12-16**）。

4.保溫鍋（Chafing Dish）：係歐式自助餐供食主要器皿（**圖12-17**），其形狀有方形、圓形、橢圓形及菱形等四種。

5.點心檯（Compote Stand）：係自助餐放置鮮果、甜點作為盤飾的器皿（**圖12-18**）。

圖12-16　胡椒研磨器

圖12-17　自助餐的保溫鍋

6.保溫蓋（Cloche）：另稱盤蓋
（Plate Cover），法式餐廳供食服
務用來供作菜餚保溫用。

7.咖啡壺（Coffee Pot）：係一種不鏽
鋼保溫壺，可容納十人份的咖啡。

8.水壺（Water Pitcher）：一般餐廳外
場服務冰水用。

9.雞尾酒缸（Punch Bowl）：係酒
會調製雞尾酒時使用，常見者有
玻璃、銀器及不鏽鋼三種（**圖12-
19**）。

10.冰桶（Ice Bucket）：係供裝盛小
冰塊，吧檯調酒器具之一。

圖12-18　點心檯

11.冰酒桶（Wine Bucket）：係供應
白酒、香檳酒時冰鎮用（**圖12-20**）。

12.冰酒桶架（Wine Cooler Stand）：通常落地擺放在餐桌邊，供置放
冰酒桶。

13.愛爾蘭咖啡溫杯架（Glass Warmer）：愛爾蘭咖啡製備專用架。

14.葡萄酒架（Wine Stand）：置放葡萄酒用（**圖12-21**）。

圖12-19　雞尾酒缸

圖12-20　冰酒桶與酒杯

圖12-21　葡萄酒架

圖12-22　各式玻璃杯皿

四、玻璃類（Glassware）（圖12-22）

(一)水杯

1.高腳水杯（Goblet Glass）。
2.平底水杯（Water Glass）。

(二)果汁杯（圖12-23）

1.高飛球杯（Highball Glass）。
2.三角高杯（Triangle Highball Glass）。

(三)酒杯（圖12-24）

1.烈酒杯（Jigger Glass）。
2.歐非醒酒杯／古典酒杯（Old Fashioned Glass）。
3.高飛球酒杯（Highball Glass）。
4.高杯（Tall Glass），另稱可林杯（Collins Glass）。
5.酸酒杯（Sour Glass）。

圖12-23　果汁杯

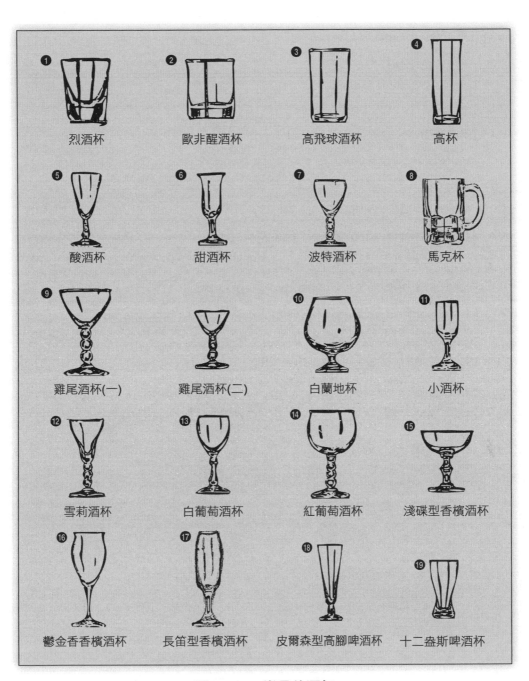

圖12-24　常見的酒杯

6.甜酒杯（Liqueur Glass）。

7.波特酒杯（Port Glass）。

8.馬克杯（Beer Mug Glass）。

9.雞尾酒杯（Cocktail Glass）。

10.白蘭地杯（Brandy Snifter）。

11.小酒杯（Pony Glass）。

12.雪莉酒杯（Sherry Glass）。

13.白葡萄酒杯（White Wine Glass）。

14.紅葡萄酒杯（Red Wine Glass）。

15.淺碟型香檳酒杯（Champagne Saucer）（圖12-25）。

16.鬱金香香檳酒杯（Champagne Tulip Glass）。

17.長笛型香檳酒杯（Champagne Flute Glass）。

18.皮爾森型高腳啤酒杯（Pilsner Glass）。

19.十二盎斯啤酒杯（12oz Beer Glass）。

圖10-25　市面上常見的香檳酒杯，由左至右分別為淺碟型
　　　　　香檳酒杯、鬱金香香檳酒杯及長笛型香檳酒杯

(四)其他玻璃杯

水壺（Water Pot）。

(五)其他類

1.圓托盤（Round Tray）：圓托盤使用頻率最高，用途也最廣（**圖12-26**），其尺寸自直徑12～18吋均有。

2.方托盤（Rectangular Tray）：此類托盤係用來搬運餐具、盤碟或菜餚時所使用，其尺寸自10～25吋均有。

3.橢圓托盤（Oval Tray）：此類托盤通常在較高級餐廳或酒吧才使用，其尺寸在12～18吋均有。

圖12-26　圓托盤使用頻率最高

🍎 第二節　餐廳器具材質與特性

餐廳營運所需的器具很多，主要可分為金屬類、陶瓷類、玻璃類、塑膠類、紙製類、木製類及布巾類等各類餐廳器具用品，茲就其材質特性予以介紹，以利選購參考。

一、金屬餐具

餐廳所使用的金屬餐具（Metal Utensil）如刀、叉、匙等等，其所用的材質主要以不鏽鋼製品為最常見（**圖12-27**），其次是銀器、金器及鋁、鐵器皿，但純銀或純金製品較少，一般高級餐廳所使用的銀器或金器均以電鍍較多。至於不鏽鋼製品成分，一般係以74%鋼、18%鉻及8%鎳所製成，即不鏽鋼刀叉柄上所標示「18-8」字樣。若鉻成分愈高，則外表愈亮麗，但其缺點為易生鏽，採購時應特別注意。

圖12-27　餐廳常見的不鏽鋼餐具

(一)不鏽鋼

◆優點

1.不鏽鋼本身美觀堅固實用，極適於作為儲存器具，不易起化學變化，穩定性高。

2.「不鏽鋼18-8」品質較好，其意思為鉻18%、鎳8%，其餘74%為鋼。

3.可作為供文火低溫烹調時之容器，如保溫櫃上之保溫鍋，或蒸箱內之蒸盤。

◆缺點

1.不鏽鋼為熱的不良導體，若以它作為烹飪鍋具，易使食物燒焦或變黑。

2.不適於作為烹、烘、烤器具。

(二)銀器

◆優點

1.美觀高雅，光澤亮麗。

2.傳熱快，質輕耐用。

◆缺點

1.容易刮傷、保養較費神費力。

2.銀製品容易氧化，產生氧化銀而呈咖啡色斑紋或黑色汙垢。

3.成本高、維護不易，宜由專業人士負責保養。

(三)銅器

◆優點

1.銅係一種貴金屬，高雅精緻。

2.銅是所有金屬中最佳的良導體。

◆缺點

1.價格較貴，成本高。

2.使用時要小心維護擦拭，否則易生有毒的銅綠。

3.銅必須屬雜其他金屬如錫、不鏽鋼才可，以免使裝在銅器內的食物產生化學變化。

(四)不沾鍋塗料器皿

不沾鍋塗料有兩種，即塑膠質塗料與抗腐蝕性塗料：

1.塑膠質塗料：可使廚具變得十分光滑、易清洗，但是清洗要小心，不可用金屬利器刮傷其外層。若塗料脫落應即更換，不可再使用。此外，此類器皿也不可置於爐火上空燒，以免釋出有毒物質，且易損壞。

2.抗腐蝕性塗料：質地較堅固耐用，適用於鋁鍋、鋁盤等器皿。

二、陶瓷餐具

餐廳所使用的陶瓷器皿（China & Pottery Utensil）相當多，如各式大小餐盤、味碟、湯匙、湯碗均屬之。一般高級餐廳係以瓷器為多，如採用滲有動物骨粉再高溫製成的精美骨瓷，其次才選用陶器，不過基於成本投

圖12-28　精緻陶瓷器皿

資考量，目前許多餐廳逐漸以較精緻陶製餐具來取代高成本的瓷器。

(一)優點

1. 美觀高雅，可彩繪。高品質瓷器質輕堅硬，呈半透明如玉（圖12-28）。
2. 清洗方便，保溫性佳。
3. 耐用實惠，抗酸、抗蝕性佳。

(二)缺點

1. 成本較高，破損率大。
2. 部分陶瓷器遇熱，有時會釋出有害物質，如塗料釋出。

三、玻璃餐具

餐飲業所使用的玻璃器皿（Glass Utensil），主要是各式酒杯、水杯、果汁杯及沙拉水果盅為多。由於玻璃杯皿本身較脆弱，尤其是杯口最容易破損，因此很多餐廳均採用蘇打石灰強化玻璃杯，以便於維護。另外，有部分較高級餐廳則購置一種價格較高，以鋇、鈣、鉀替代氧化鉛的無鉛水晶玻璃，或含氧化鉛7～24%的水晶強化玻璃，或耐熱玻璃杯皿來取代一般

圖12-29　高級餐廳所採用的玻璃杯皿其材質常以水晶強
　　　　　化玻璃或耐熱玻璃為之

玻璃杯（圖**12-29**）。

(一)優點

1.美觀大方。
2.耐酸、耐鹼，清洗容易。
3.優質玻璃折光率強，敲擊聲輕脆耐用。

(二)缺點

1.維護不易。
2.破損率高。

四、塑膠餐具

　　現代科技文明，使得許多塑膠製品的餐具，無論在材質、外觀、衛生、安全等各方面，均不遜色於一般陶瓷器皿，因此塑膠餐具（Plastics Utensil）已逐漸廣為餐飲業者所採用，尤其是一般大眾化餐廳、自助餐廳及兒童用餐具，均以此類塑膠品餐具為多。

(一)優點

　　1.質輕耐用。
　　2.不易破損。
　　3.成本合理。

(二)缺點

　　塑膠製品的餐具其缺點為不耐高溫，遇高溫會釋出有毒物質，如甲醛或甲醇。

五、紙製餐具

　　由於工資日漸高漲，餐飲業為節省營運成本，逐漸採用紙質免洗餐具，尤其是速食餐廳、自助餐廳幾乎經常採用此類餐具，如紙杯、紙盤、紙杯墊及餐巾紙。

(一)優點

　　1.價錢便宜，減少清洗設備及人工費用。
　　2.安全衛生，減少失竊及破損率。
　　3.適宜外帶，易於搬運，也可減少儲存空間。

(二)缺點

　　1.一次使用，較不耐高溫，且不符合垃圾減量環保政策。
　　2.質輕欠穩，正式場合較不適用。

第三節　餐廳設備採購

　　餐廳的設備有些是為客人準備的，如餐桌椅、燈光、音響；有些則是為服務員準備的，如工作檯、餐廳各式手推車等。

一、餐廳桌椅

餐廳桌椅選購時，須考量其材質、色系、式樣及尺寸比例等方面之設計，力求安全、舒適、美觀及實用。

(一)餐桌之設計

餐桌設計應考慮的因素，主要有下列幾方面：

◆餐桌種類

餐桌的種類很多，就形狀而言，主要可分為：圓桌、方桌與長方桌等三種。圓桌在國內大部分使用於中式餐廳或宴會為多（**圖12-30**），至於西餐廳則以方桌及長方桌為主，圓桌為輔。

反觀國外許多高級餐廳均偏愛圓桌，事實上圓桌給予人的感覺較為親切溫馨。中餐廳所使用的四人桌有些會採用摺葉桌（Folding Leaf Table），其邊緣下方可翻摺成六人用的圓桌，至於選用哪類型餐桌較好，則端視餐廳性質與空間大小而定。

圖12-30　圓桌大多用於中餐廳或宴會為多

◆餐桌高度

餐桌的高度通常在71～76公分之間，不過一般均認為以71公分最為理想，因為此高度不僅客人進餐取食或使用餐具方便，同時服務員在桌邊服務時也相當順手。若餐桌高度低於71公分，則服務員勢必彎下腰來工作，徒增服務上的困擾，也影響工作效率。

◆餐桌尺寸

餐桌桌面尺寸大小，端視餐廳類型與顧客用餐所需面積而定。通常在使用桌邊服務的餐廳，以61公分寬的桌面最為舒適理想。而咖啡廳、Pub或速簡餐廳等所需餐桌尺寸則可稍微小一點，至於圓桌尺寸並無一定標準，通常方桌尺寸在71～76公分之間。**表12-1**為餐桌尺寸與座位配當表。

◆桌腳式樣

餐桌的桌腳一般可分為活動式與固定式等兩種。活動式的桌腳均為四腳架，大部分以使用在中式大圓桌為多，其次是西餐廳的方桌或長方桌。固定式的桌腳有單腳架與四腳架兩種。一般餐廳若採用固定式腳架，通常以選用單腳銅質的腳座為多。

◆餐桌材質

餐桌所採用的材質很多，一般常見的有木料（櫸木）、竹、藤、皮、

表12-1　餐桌尺寸與座位配當表

桌型	座次	尺寸
圓桌	1人	直徑70～75公分
	2～3人	直徑90～100公分
	4人	直徑100公分
	5～6人	直徑125公分
	8～9人	直徑150公分
	10人	直徑175公分
	12人	直徑200公分
長方桌	4人	125×100公分
	6～8人	175×100公分
	8～10人	250×100公分
	10～12人	300×100公分

塑鋼、防火布、大理石、壓克力、不鏽鋼、玻璃纖維及塑膠海綿等。但最主要的考量為桌面材質要耐熱、耐磨、不易褪色，並且對酒精類及酸性液體有抗浸蝕性者為佳。

◆餐桌色調

餐桌色澤須與座椅相搭配，並且注意整個餐廳色系的調和，務使其成為一個和諧統一的藝術體。

(二)餐椅之採購

餐廳座椅的設計是否舒適、安全，對顧客而言相當重要，因此餐廳在設計或選購座椅時須注意下列幾方面：

◆座椅高度

餐廳座椅的高度平均大約45公分左右，此高度係指自座椅面至地板的距離而言。餐廳桌椅高度之比例有一定的標準，亦即餐桌面至餐椅面之距離，以維持在30公分左右的標準值為宜，此標準值的距離對客人用餐來說最為舒適自然，也是桌椅選購時須特別留意的重點。另外，座椅長寬通常為43公分左右，但以50公分寬長最舒適。

◆座椅式樣

雖然目前餐廳座椅的式樣有古典式與現代式之分；有扶手與無扶手之別，但最重要的是餐廳座椅設計時，應考慮到人體工學的原理，儘量使客人有一種安全、舒適之感（**圖**12-31）。

◆座椅材質

餐廳座椅的材質很多，但最重要的是應具有輕巧、舒適、耐用、透氣、防火與防潮的功能。

◆座椅色調

餐廳座椅的色調須能與餐桌顏色相搭配，最好以選用同系列色調為佳，期使餐桌椅能有一種整體性的和諧感。

圖12-31　餐廳桌椅的式樣其設計須考慮人體工學原理

二、工作檯

工作檯（Service Station）另稱為服務櫃、備餐檯、餐具食品服務檯、服務站或服務桌（Table de Service），其高度約80公分左右，大小規格視餐廳需求而購置（**圖12-32**）。

圖12-32　工作檯

工作檯上層架通常擺著餐桌服務 所須準備供應之杯皿物品，以及冰塊、奶油、奶水、調味料、溫酒壺、保溫器。工作檯下面上層是抽屜有小格子架兩個。小格子架內鋪一條粗呢布，以防餐具放置時發出聲音，再將所有餐桌所須擺設的餐具依序放在這裡，通常自右到左放著湯匙、餐叉、甜點湯匙、小叉、小刀子、魚刀、魚叉等餐刀叉，以及特殊餐具或服侍用具。

刀叉餐具存放架下面一層係用來存放各種不同尺寸之餐盤、湯碗及咖啡杯底盤。最下面一層則作為存放備用布巾物品，如桌布、口布、服務巾等棉、麻織品。

三、餐廳手推車

餐廳手推車（Trolley）由於性質、用途之不一，因而種類互異。一般而言，有法式現場烹調推車、沙拉車、酒車、烤肉車、點心前菜車、保溫餐車及餐廳服務車等數種，茲分述於下：

(一)法式現場烹調推車

法式現場烹調推車（Flambé Trolley）大部分使用在豪華的高級歐式餐廳，如法式西餐廳，服務員自廚房將已經初步處理過之佳餚，裝盛於華麗手推車上，推至餐桌邊，在客人面前現場烹調加料處理，客人可一方面進餐，一方面欣賞服務員現場精湛熟練之廚藝。

此推車裝設有兩段式火焰之爐台，上面鋪層不鏽鋼板，其上設有香料架、調味料瓶架、塑膠砧板、冷菜盤。推車爐灶下面之櫥櫃內可放置瓦斯鋼瓶，櫥櫃另一邊可供餐具、餐盤存放，此型推車通常均附設有一塊可摺疊式之活動工作板，以利現場服務之需。

現場烹調推車附有煞車裝置之輪胎型腳輪。至於推車之大小並無一定標準規格，其尺寸通常為：長度100～130公分、寬度52公分、高度82公分。

(二)沙拉車

沙拉車（Salad Cart）大都使用在大型宴會或自助餐會中，主要設備有

一部氣冷式冷藏冷凍機、沙拉冷藏槽，以及沙拉碗存放架。沙拉車下層有一個儲藏櫃，可供存放各式盤碟、餐具。一般沙拉車之高度約80公分、長度有80公分、寬度約50公分，其下面均配有四個腳輪，有固定裝置（**圖12-33**）。

圖12-33 沙拉車
圖片來源：上賓公司提供。

(三)酒車

酒車（Liquor Cart）在高級豪華餐廳或酒吧最常見，有時正式宴會中也可派上用場。為刺激顧客購買，乃設法將酒車刻意裝飾得美輪美奐，華麗迷人，再由穿著整潔儀態典雅之服務員，推著酒車穿梭於宴會場中，或將華麗之酒車擺在餐廳入口正中央，以吸引客人（**圖12-34**）。

有的酒車備有冷藏設備，檯面上有各種不鏽鋼架，可擺設各種洋酒、調酒器、冰桶等物。另外有一種酒車沒有冷藏設備，只有酒瓶架、工作檯等設備而已。

圖12-34 酒車
圖片來源：上賓公司提供。

(四)烤肉車

烤肉車（Carving Trolley / Roast Beef Wagon / Roast Beef Cart）在目前大型宴會、自助餐會中經常可見，可供現場切割及烤肉用，尤其在歐式餐廳更是不可少之一項重要設備。烤肉推車是以瓦斯為主要熱源，它有安全自動電子點火裝置，煎肉板可在瞬間加熱備用。推車檯面有煎肉鐵皮、保溫槽、砧板、調味桶槽座及存放架，推車下面有儲藏櫃，可置放各式餐具、盤碟。目前市面上還有一種烤肉車係以酒精為熱源，操作方便，不占空間（**圖12-35**）。

(五)點心前菜車

點心前菜車（Pastry Hors d'oeuvre）備有一部氣冷式冷藏櫃，可擺放各式點心及冷藏食品。此型推車正面裝有一塊活動式可摺疊工作架，推車最下層是存物架，可以擺設各種服務用餐具、餐盤。這種推車裝有煞車裝置之輪胎式腳輪，外表均飾以高級柚木（**圖12-36**）。

圖12-35　烤肉車
圖片來源：上賓公司提供。

圖12-36　點心前菜車
圖片來源：上賓公司提供。

(六)保溫餐車

保溫餐車（Hot Food Trolley）大部分以使用在大型自助餐會為多（圖12-37），目前我國港式飲茶之點心車均以此類為多，此型推車主要裝備係一套保溫設備，可供四、五道餐食保溫，另外尚附有佐料架、食品架。推車檯面下有瓦斯儲放櫃及瓦斯開關控制器。

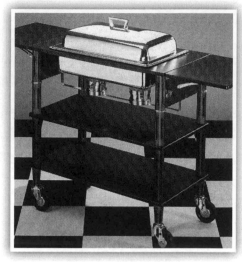

圖12-37　保溫餐車
圖片來源：上賓公司提供。

(七)餐廳服務車

餐廳服務車（General Purpose Service Cart）係一般服務用推車，有時可當作旁桌（Guéridon / Side Table），供現場做切割服務，通常作為搬運大量餐食、收拾檯面餐具等所使用，至於客房餐飲服務車也是屬於此類別。其高度約73公分，長約80公分，寬有42公分，附有直徑12.5公分之橡膠腳輪。在餐廳服務時，此推車上須鋪以白色檯布，以免擺放餐盤、餐具時發出刺耳響聲。

四、燈光照明設備

目前一般高級餐廳為營造餐廳特殊柔美氣氛與高雅情調，俾使顧客能在溫馨愉快之心境下進餐，所以對燈光照明設備之問題，如光源之種類、光源在空間之效果，以及照明設備之色調與外觀上均十分考究，希望藉著光線之強弱與色彩變化來營造餐廳進餐情趣（圖12-38）。

一般而言，餐廳光源之照度以50～100米燭光為宜，高級豪華餐廳約50米燭光，快餐廳為100米燭光，唯內場廚房工作檯須200米燭光。在光源設計時，儘量利用隱藏式光源，採取側射方式，以免因眩光或太亮而破壞原有美感氣氛。

圖12-38　　餐廳藉著照明設備來營造進餐情趣

五、音響設備

　　音調之高低及節奏之快慢，會影響到一個人情緒之變化，相對地，也會影響用餐之速度及食慾。高頻率之尖銳聲，會減低人們食慾；反之，低頻率柔和之聲音卻可增進食慾。因此在高級餐廳中，為使顧客能在靜謐之氣氛下愉快用餐，除了儘量在餐廳中設法消除可能發生之噪音外，更不惜鉅金斥資購置高級音響及裝設擴音系統，藉著優雅悅耳之旋律，滿足顧客聽覺之享受。至於速食餐廳大部分以快節奏之熱門音樂來提升熱鬧氣氛，以加速餐桌翻檯率（Turn Over Rate）。

六、隔間設備

　　為滿足不同團體顧客用餐的需求，同時也可將空曠用餐區予以分隔成數個獨立空間。此時，餐飲採購人員可利用活動隔牆或屏風來變換空間大小，如大型餐廳或宴會廳常以活動屏風來隔成各類不同風格的用餐區。

七、空調設備

　　為使顧客能在一個舒適愉快之情境下進餐，餐廳除了要講究裝潢設

餐飲採購學
──管理、實務與成本控制

278

計、燈光音響外,更要注意餐廳內部之溫度與濕度是否適當,並應設法維持室內空氣之清新宜人,溫度在25±3℃,相對溼度50～60%之間是最理想。此外,為避免廚房濕熱空氣或油煙流入餐廳,也可經由空調換氣給氣方式,將廚房設定在負壓環境狀態下,並且將餐廳空調設定為正壓,此時不但可防止廚房油煙流入餐廳,也可避免室外不潔空氣入侵。

第四節　餐廳器皿與設備的採購原則

餐廳所需營運器皿、服勤器具在準備購置選用時,必須考量餐廳本身營運政策及財務預算,針對餐廳特色及營運需求來考慮所需器具,否則不但影響餐廳格調,更徒增未來器皿保養及資金閒置之問題。

一、餐廳器皿與設備採購的基本原則

餐廳為避免資金閒置浪費及爾後餐廳器皿與設備保養之困擾,因此在選購時必須把握下列幾項原則:

(一)美觀實用原則

1.餐廳設備與器具之品質、規格尺寸及外型設計,宜力求美觀、素雅、簡單勿花俏,以能與其他設備、器皿整合為原則(圖12-39)。
2.器具之材質、外表造型、色系,務必符合餐廳整體環境之統一、和諧標準。
3.儘量選購多用途、多功能之庫存品,如各式瓷器、杯皿及各種扁平器具,以免日後因某一批號缺貨,而造成式樣不一之窘境,甚至影響整體美感。

(二)經濟耐用原則

1.餐廳所選購的設備與器具是否耐用、耐磨,是否禁得起每天使用也不易磨損。
2.價格成本是否合宜,是否符合成本效益原則。

圖12-39　**餐廳器皿設備的選購須考量美觀實用、清潔維**
護及儲存方便等原則

(三)清潔維護方便原則

1.餐具設備之清潔保養是否方便，不須特別費時費力，如是否須另購
　置特別洗滌器具或設備。
2.餐具洗滌是否能以餐廳現有營業設施或洗滌衛生設備來維護，而不
　必再多費人力或時間來保養。

(四)儲存方便原則

1.餐廳設備器具是否便於移動，如附腳輪。
2.體積是否太龐大而占用空間。
3.是否便於折疊存放，如活動支架設計。

二、餐廳桌椅選購應注意事項

1.質料要堅固實用、平滑有彈性，各部接頭牢靠。
2.桌面材質要耐熱、耐磨，不易褪色，且防酒精類及酸性液體浸蝕。

3.配件及接頭愈少愈好，以減少故障。

4.易於整理、搬運、儲放、移動及清潔。

5.要輕便且安全，切勿太笨重，同時要顧慮兒童座椅的需要與安全性。

6.餐廳桌椅尺寸、規格、高度應一致，以便相配合運用，符合人體工學。

7.餐廳桌椅色系須與餐廳整體裝潢設計相搭配。

8.大圓桌若直徑超過175公分以上，須另設旋轉檯或轉盤（Lazy Susan），其底座要堅固、旋轉要順暢。

三、餐廳布巾之選購原則

餐廳布巾品質的良窳不僅影響餐廳的形象，也會增加成本費用的支出，因此對於布品的選購務必要多加留意，並遵循下列原則：

(一)配合餐廳的特色與營運型態

選擇餐廳布巾之色調、式樣、編織方式時，務須配合餐廳整體規劃設

圖12-40　餐廳布巾的選購要能營造餐廳特色與氣氛

計，始能營造出餐廳的獨特性與高雅的氣氛（**圖**12-40）。

(二)須考慮布料材質的適宜性

1.餐廳所需之布巾類別不同，所需布料材質也不一樣，因此要特別加以注意。

2.布的質料有純棉（Cotton 100%）、混紡、人造纖維。其中以純棉質感、吸水性較佳；其次為混紡，其棉花成分50%以上；至於人造纖維之吸水性則較差。

3.餐巾、檯布之布料以純棉質感及具吸水性為最好，至於餐巾宜避免採用人造纖維之布料。

(三)須考慮耐用性與經濟性

1.餐廳布料之選用除了考慮質地、顏色之美觀外，還要考量其經濟效益與使用年限。

2.各類布品使用年限與耐洗次數有關，例如：

　(1)全棉白色餐巾、檯布耐洗次數平均為150次。

　(2)全棉染色餐巾、檯布耐洗次數平均為180～200次。

　(3)混紡餐巾、檯布之耐洗次數最多，約250次。

3.有色之布料易褪色，不易修補及替換，容易造成外觀色調不一致的失調感，此為有色布巾之最大缺失。

學習評量

一、解釋名詞

1. Silence Pad
2. B. B. Plate
3. Show Plate
4. Sauce Boat
5. Chafing Dish
6. Pilsner Glass
7. Goblet Glass
8. Brandy Snifter
9. Flambé Trolley
10. General Purpose Service Cart

二、問答題

1. 餐廳檯布選購時，須注意哪些事項？試述之。
2. 選購餐巾時，其規格尺寸標準為何？試述之。
3. 正式酒會或自助餐會，均須選用桌裙來美化餐桌或供餐檯，你知道如何選用桌裙嗎？
4. 請列舉中西餐陶瓷類餐具的中英文名稱各十項，並加以介紹其用途。
5. 請列舉西餐常見的餐桌擺設金屬類餐具之中英文名稱十種。
6. 試述下列酒杯的用途：Old Fashioned Glass、Brandy Snifter、Pony Glass。
7. 試述不鏽鋼餐具的優缺點，並加說明選購時須注意的事項為何？
8. 餐廳選購餐桌椅時，你認為應該考慮哪些問題？為什麼？
9. 如果你是法式餐廳的主管，當你在選購現場烹調車時，你會考慮哪些事項？
10. 餐廳營運所需器皿類別繁多，你認為新開幕的餐廳對於所需採購的餐廳各類器皿，必須考量哪些原則？試申述之。

Chapter 13

餐飲業外包服務的採購

單元學習目標

- 瞭解餐飲業外包服務的工作項目
- 瞭解餐飲業外包服務採購的原因
- 瞭解外包服務應有的正確體認
- 瞭解餐飲業外包服務採購的程序及要領
- 能擬訂一份外包服務的採購規範
- 培養良好勞務採購的能力

餐飲業是一種提供顧客餐飲接待的服務業，其營運時間長，再加上其商品係組合性產品。因此，有些營運所需的工作，須仰賴其他行業專業人士來幫忙始能竟功。本章將針對餐飲業外包服務的採購工作項目及其應注意的事項，逐節介紹如後。

第一節　餐飲業外包服務的採購

餐飲業所提供的產品服務係多元化的組合性商品，唯鑑於人力、物力、時間及專長等因素的考量，通常會去採購某些必需的服務。由於餐飲企業規模大小不一，營運性質也互異，因此其所需採購的服務項目也不同。茲就現代餐飲企業常見的外包服務採購項目及其政策的省思，摘述如後：

一、餐飲業外包服務工作項目

餐飲業所採購的外包服務（Outsourcing Service），主要有下列幾項：

(一)垃圾、廚餘等廢棄物的清理

餐飲業由於生產製備及銷售服務的營運作業，每日均有大量垃圾、廚餘等廢棄物待清除整理。因此，大部分的業者必須委外垃圾清除（Waste Removal Service），如委託垃圾清潔公司或資源回收公司來搬運處理。

此項外包服務的重點需求，計有下列幾點：

1.能準時前來清除搬運垃圾等廢棄物。
2.能確實將廢棄物清除乾淨，並確保垃圾存放區環境的清潔衛生。
3.能提供符合餐飲業所需的大型垃圾或廚餘密閉容器，如乾淨的垃圾子母車或大型附蓋的不鏽鋼廚餘桶等容器。
4.能提供較實惠的價格或資源回收回饋金。

(二)餐飲營運環境的清潔保養

　　餐廳營運環境，無論是內場或外場的清潔，均有專人負責日常的清潔打掃及定期的保養維護。唯有些較粗重、具危險性或技術性的清潔維護工作，如地板清洗打蠟、抽油煙機的清理或外牆及大樓窗戶的清潔工作等，最好還是委外由專業清潔公司負責較好（**圖13-1**）。

　　此項外包服務的重點需求，計有下列幾點：

圖13-1　餐廳建築物外牆的清潔維護須委由專業清潔公司定期清潔維護

1. 須能依合約所列的清潔項目及範圍來進行清潔保養。
2. 清潔保養的品質，須達餐飲業的基本要求或水準。
3. 不得破壞或損毀營運設施或財物，若有毀損財物情事，須負賠償之責。

(三)餐飲營運環境的衛生消毒

　　現代餐飲企業均會每週或每月定期進行營運場所內外場公共設施及其環境的衛生消毒，期以防範病媒入侵，確保餐飲環境的服務品質。此項工作除了日常清潔維護之消毒，係由自己員工來執行外，至於定期性的蟲害病媒消毒工作，因涉及專業技術及化學藥品的購置與儲存問題，所以大部分餐飲業者均採外包方式，委由專業消毒公司來處理。

　　此類外包服務的採購，其重點訴求為：

1. 須完全杜絕所有可能入侵的害蟲。
2. 能提供適當的服務時段，而不影響餐飲營運為原則來進行消毒工作。
3. 能提供餐飲業員工病媒防範安全衛生課程或訓練手冊，以利日常衛生安全的維護。

(四)諮詢服務

　　大型餐飲企業組織各部門的工作範圍涉及社會各行各業，其所需專業知能實非餐飲組織員工所能兼具。因此，基本上餐飲企業均會去採購諮詢服務（Consulting Service）。例如：法律顧問、會計顧問、財務顧問或公關行銷顧問等，以應企業經營管理及發展之需。

　　此類諮詢服務的採購，通常餐飲業者的重點訴求為：

1. 能協助餐飲企業順利解決諮詢事項相關問題，達成該完成的目標。
2. 能經由雙方有效溝通及互信基礎下，發掘並解決餐飲營運有關問題。

(五)廣告及公關行銷企劃服務

　　面對競爭激烈的多元化消費市場，現代餐飲業者均會利用廣告或公共報導來加強公關行銷，或針對其主要目標市場消費者來促銷，期以提升其企業品牌形象及產品在市場的能見度與占有率。

　　此類廣告及公關行銷企劃服務的採購，須注意下列幾點：

1. 須事先評估餐飲企業廣告所想傳遞產品訊息的對象或其潛在消費者（圖13-2）。
2. 慎選能確實將訊息傳遞給被鎖定對象或潛在消費者所在地的適當媒體。
3. 餐飲業者可編列預算，再找理想的廣告或傳播公司，來企劃公關行銷或廣告事宜。

(六)其他外包服務

　　除了上述幾項外，有些業者尚會就其景觀綠化美化、硬體設施設備保養、保險，以及員工制服或布巾等採外包服務的方式。

**圖13-2　餐飲業的行銷廣告須確保其產品訊息能準確傳遞
　　　　　給目標市場的消費者，始有價值**

二、外包服務採購政策的省思

　　餐飲採購人員在擬訂外包服務採購政策時，首先須對外包服務有下列
省思與體認：

1. 外包服務採購係一種無形勞務的採購，其風險及困難度較之一般物
   料採購為高。外包服務的品質優劣，不但事前難以掌控，甚至事後
   評估也不容易，除非在整個服務流程每一環節均有人嚴加控管評
   估。
2. 餐飲產業營運過程中，外包服務的成本支出是難以避免的，唯其成
   本支出並非固定不變，端視企業營運實際需求而定。
3. 外包服務採購的項目是否有絕對的必要？是否自己能完成而不必外
   購？無論是採自製或外購，均須就其所需的人力、資金、時間等成
   本予以詳加考量，確實做好成本效益分析評估。
4. 外包服務工作的品質良窳端視供應商品牌形象而定。因此，須慎選
   擁有專業營業執照的殷實合法供應商。

第二節　外包服務採購作業程序

餐飲業為確保其外包服務採購工作能順利達到預期目標，務須遵循標準採購作業程序，依序嚴加控管並確實評估。茲就餐飲業外包服務採購作業程序，予以詳加介紹。

一、外包服務採購的作業程序

餐飲業在執行外包服務採購作業時，其程序始於所需服務採購的品名項目決定，其次再擬訂採購規範、決定採購的方式、供應商選擇、正式合約簽訂及服務品質評估。

(一)確定所需外包服務採購的項目

餐飲業在營運管理過程中，有不少亟待處理的工作，但卻非其專長；也有些瑣碎粗重工作，非其有限人力及時間所能兼顧，如清潔打掃、垃圾清理或病媒消毒防範等均屬之。有些餐飲業便將上述工作項目發包委外處理。例如：麥當勞所屬各分店的定期清潔消毒均委託清潔公司處理。

(二)研訂外包服務採購規範

外包服務採購作業是否能達到原訂預期目標或預期水準，則端視採購規範的訂定是否詳實明確而定。因此，外包服務採購規範為確保外包服務品質最有效的利器，也是影響整個採購作業成敗的關鍵因素。

(三)擬定外包服務的採購方式

餐飲採購的方法很多，如招標、報價、議價、合約或現場零星採購等多種。至於採用哪一種方法較適當，則端視所擬採購的品名項目而定。例如：清潔服務、景觀美化工程（圖13-3）或設備保養等外包服務，可考慮採用公開招標方式採購。至於如諮詢顧問服務之採購較適於報價或議價採購。

圖13-3　餐飲業外部景觀環境的美化工程通常均採外包
　　　　服務的採購方式

(四)選擇理想外包服務供應商

勞務採購之品質難以事先鑑賞或評量，因此如何選擇優良供應商，確實是件棘手的問題。餐飲採購人員必須多費神去瞭解該供應商的背景、商譽及同業的評價。唯務必要選擇擁有專業執照、保險及營業登記等合法證件的殷實供應商或諮詢顧問。

(五)正式簽約

採購合約為一種買賣雙方，針對交易內容所達成協議的一種具法令效益的書面文書或證據。因此，在正式簽訂合約前，對於合約內容，如服務項目、服務品質需求、服務時程進度及服務流程品質控管等細節，均須審慎考慮周全，以防日後不必要的紛爭。

(六)服務效益控管及評鑑

採購合約簽訂之後，餐飲機構有關人員，必須嚴加監控服務流程每一環節，隨時追蹤並督促廠商，以最有效的方法來提升服務採購項目的質量。

二、外包服務的採購規範

餐飲企業一旦決定哪項服務工作要採委外「外包服務」時，即須由相關部門主管會同採購人員著手研擬該項服務採購的規範，其內容愈詳盡愈好。理想的服務採購規範能確保採購產品的品質，其內容至少應包括下列幾項：

(一)服務工作的需求及用途

係指餐飲業使用單位對該項外包服務工作的功能、用途等的需求內涵之說明。

(二)服務工作項目名稱

係指該外包服務工作項目的確切名稱，該名稱須為業界慣用的統一名稱，以防發包出差錯。

(三)服務工作的品質需求

係指餐飲企業針對該項產品服務的施工作業品質要求（**圖13-4**）。

圖13-4　餐廳外包服務的工作項目及品質需求須明確，
　　　　以利控管

(四)服務工作完成的期限

係指外包服務工作完成的時間與日期。

(五)工作進度表

係指為完成外包服務工作而編列的作業時程，藉此來控管工作進度，以免延誤。

(六)供應商應備資歷

係指外包服務業務承攬的供應商的以往經驗、資歷及成果等資料文件，以確保其具備一定水準的專精能力或技術。

(七)供應商的執業證照

係指外包服務供應商或諮詢顧問，如律師、會計師及資訊工程師等專業證照、公司登記執業證及營利事業登記等證件。

(八)保險範圍

係指產品服務有關的各項保險，如保全、財損險、火險、意外險，以及相關責任險。

(九)保證金、訂金

係指產品服務工作的承諾保證，以確保雙方的權益。

(十)其他

例如付款方式、服務保固，或服務品質的監督與控制等事宜。

餐飲**採購學**
──管理、實務與成本控制

學習評量

一、解釋名詞

1.Outsourcing Service

2.Waste Removal Service

3.Consulting Service

4.執業證照

5.保險範圍

6.採購規範

二、問答題

1.你認為餐飲業是否有必要規劃外包服務的採購,為什麼?

2.如果你是餐廳經理,當你決定將餐廳消毒工作外包時,請問你的重點訴求有哪些?

3.假設你是國際餐飲連鎖企業的總經理,你將會如何來確保外包服務的品質?試申述己見。

4.外包服務採購作業的程序當中,其第一步驟是什麼?

5.如何挑選理想的外包服務供應商,你知道嗎?

Part 3

餐飲物料管理與採購成本控制

Chapter

14

餐飲驗收作業

單元學習目標

- 瞭解驗收的意義與驗收的種類
- 瞭解驗收作業規劃的程序與步驟
- 瞭解驗收所需的工具
- 瞭解驗收畢，後續問題的處理要領
- 瞭解各類採購驗收的方法
- 培養良好的採購驗收專業知能

　　驗收（Receiving）工作是餐飲成本控制極重要的一環，物料採購之後，必須經過專人驗收才可入庫。一位優秀的驗收員必須具備各項物料專業常識及良好的職業道德，對所採購的物料能就其品質、數量是否符合規定詳加檢驗，驗收工作完成後，應迅速將採購品轉送使用單位或入庫儲存，整個驗收作業始告完成。

第一節　驗收的意義與種類

　　通常採購物料交貨時，必須經過嚴謹驗收手續，檢視合格後才可入庫，所以驗收時必須先建立一套客觀驗收標準及明確的驗收程序，以利驗收工作之進行。

一、驗收的意義

　　所謂「驗收」，係指對所收到的採購進貨物料予以詳細檢驗，確認其品質、數量、價格是否符合原先採購需求外（**圖14-1**），尚須完全掌控該物料的流向或儲存狀況，一方面可避免食品物料變質或遭竊取，另一方面

圖14-1　物料驗收須確認品質、數量及價格是否符合採購需求

可供作為餐飲成本控制之依據，藉以落實餐飲物料管理。

二、驗收的種類

餐飲業物料採購的驗收，通常可分為下列四種：

(一)依權責分

1.自行檢驗：由業者自行負責物料檢驗工作，大部分國內採購物料均以此方式為之。

2.委託檢驗：由於距離太遠或本身欠缺是項物料專業知識，而委託公證行或某專門檢驗機構代行之，如國外採購或特殊規格採購適用之。

3.工廠檢驗合格證明：由製造工廠出具檢驗合格證明書，如特殊品牌規格之餐飲設備或物料。

(二)依時間分

1.報價時的樣品檢驗。

2.製造過程的抽樣檢驗。

3.正式交貨的進貨檢驗。

(三)依地區分

1.產地檢驗：於物料製造或生產場地現場就地檢驗。

2.交貨地點檢驗：交貨地點有買方使用地點與指定賣方交貨地點兩種，依合約規定而定。

(四)依數量分

1.全部檢驗：一般價值較昂貴或較特殊的物料產品均以此法為之。此驗收方式另稱「百分之百檢驗法」。如ABC物料價值分析法中的A類物料檢驗。

2.抽樣檢驗：係就每批產品中以隨機抽樣方式，或挑選具有代表性的少數產品為樣品來加以檢驗。如大宗平價物料的檢驗方法。

第二節　驗收的步驟與方法

驗收工作十分重要，通常採購合約均載明供應商交貨日期，並規定須於交貨前若干日，先將交貨清單送交買方，以利買方準備驗收工作，如選派驗收人員、安排儲藏空間及擬訂驗收作業流程等均須事先安排規劃，屆時驗收工作始能順利進行。

一、餐飲驗收的步驟

(一)驗收前的準備工作

◆確認驗收時間與地點

通常採購合約均須明確規定交貨期限與地點，如預定交貨日期或分期交貨時間及交貨地點。無特別原因如天災、人禍等，均須依合約指定時間、地點為之，供應商或買方不得片面任意更改，除非事前告知且取得雙方同意。如果交貨時間或地點因故須更改日期或轉移他處驗收，均應事先通知驗收部門。

◆選派適任專業人員驗收

餐飲業所需物料品名、種類、數量繁多，且內場與外場所需物品也不一，驗收人員除了操守須良好外，亦必須對這些物料、設備均有相當認識且具專業知能，否則實難以勝任。為使驗收工作能發揮預期功能，驗收人員必須由專人負責，通常可由使用單位資深倉儲人員、財務人員、物料控制人員以及廚師中來篩選適任人員擔任，絕對不可臨時隨便找人協助驗收（圖14-2）。

◆完善驗收設施與設備規劃

1.驗收區規劃最重要的是動線要流暢。驗收區儘量接近倉儲區，以免因距離太遠，造成驗收後搬運之困難，以及影響生鮮食品之新鮮度。此外，驗收場地應有足夠空間，以便人員、車輛、貨物之進出。
2.驗收員辦公室或驗收處盡可能鄰近驗收工作台，以利監控物料、車輛及人員進出。

圖14-2　驗收工作須由專人負責

3.驗收區應燈光明亮、清潔衛生，且有完備的消防安全設施。

4.驗收區須有完善驗收設備與驗收工具，如磅稱、天平、尺、溫度計或快篩試劑等度量衡工具，以及搬運、拆卸紙板箱之工具（**圖14-3**）。

5.驗收區須備有各種驗收表格與文件，如驗收單、驗收憑證、採購驗收標準、採購規格說明及訂單等，以利驗收（**表14-1**）。

(二)驗收進行中的工作

當貨物送達時，通常廠商均會隨同進貨附上發貨單，此時驗收員須先根據公司當初之「訂購單」、「採購規格」與廠商發貨單上所列之品名、規格、單價與數量予以核對是否符合需求。整個物料驗收工作中，最困難的首推品質檢驗，尤其是廚房生鮮食品即是例。因此驗收員若對食品品質有疑慮，便應立即請有關人員協助檢驗，以免產生差錯。

生鮮食品如肉類或海鮮產品驗畢，應即加掛或貼上魚肉類存貨標籤（**表14-2**），標明驗收日期、品名、等級、重量等數據，以利控管物料。

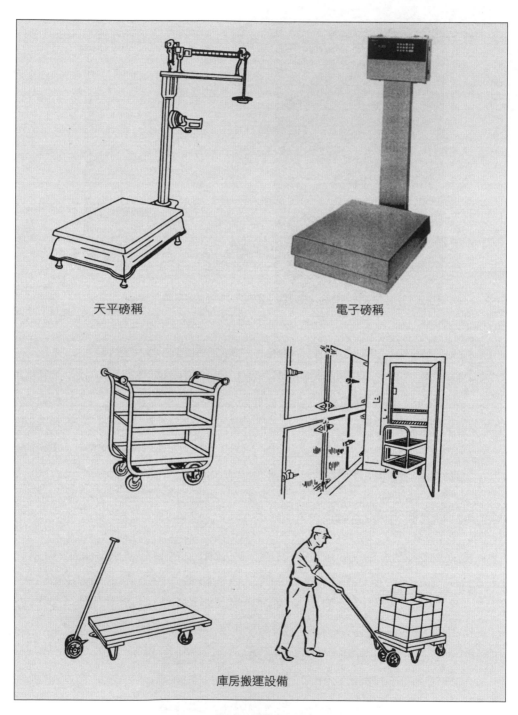

天平磅稱　　　　　　　　電子磅稱

庫房搬運設備

圖14-3　驗收區應備的驗收工具

表14-1　驗收單範例

〇〇大飯店
物品進貨驗收單

廠商名稱：＿＿＿＿＿＿＿＿＿＿　　　　　年　月　日

物品編號	品名	驗收				備註	驗收人			
		數量	單位	單價	金額		使用單位	經手人	採購	倉庫
									驗訖蓋章	

合計金額：　　　　　　　　　財務部：

表14-2　魚肉類存貨標籤

標籤號碼：＿＿＿＿＿

供應商 ＿＿＿＿＿＿＿＿＿
驗收日期 ＿＿＿＿＿＿＿＿＿
品名 ＿＿＿＿＿＿＿＿＿
等級 ＿＿＿＿＿＿＿＿＿
重量 ＿＿＿＿＿＿＿＿＿
發貨日期 ＿＿＿＿＿＿＿＿＿
使用日期 ＿＿＿＿＿＿＿＿＿

- -

標籤號碼：＿＿＿＿＿

供應商 ＿＿＿＿＿＿＿＿＿
驗收日期 ＿＿＿＿＿＿＿＿＿
品名 ＿＿＿＿＿＿＿＿＿
等級 ＿＿＿＿＿＿＿＿＿
重量 ＿＿＿＿＿＿＿＿＿
發貨日期 ＿＿＿＿＿＿＿＿＿
使用日期 ＿＿＿＿＿＿＿＿＿

(三)驗收畢的作業處理

◆驗收結果符合要求的處理

1. 當送達的物料經驗收員檢驗後，如果品名、數量、價格與品質均無誤，此時驗收員應在發貨單上簽名蓋章，以表正式簽收所送來的訂購貨品物料無誤。
2. 驗收後，驗收員應立即在所採購物料的包裝上註明收貨日期及標明進價。至於生鮮肉品，驗收員應在其物料上加掛存貨標籤，藉以便於計算單價及控制成本。
3. 驗收員應立即將驗畢之採購物料，以最迅速方式入庫或直撥使用單位，以免物料變質或遭竊，並在驗收日報表上正確記錄已收到的各種物料貨品（**表14-3**）。

◆驗收結果不符合要求的處理

驗收結果如果有送達貨品的數量、價格或品質不符需求時，驗收員可依原先採購合約條款處理，或可予以拒收並退貨；如果只有些微差異，則可要求廠商下次補送貨，並填寫貸方扣除貨款單一式兩聯，並要求送貨人簽章後攜帶回去給供應商，另一聯則送交會計或財務部負責處理貨款支付者存查。

表14-3　驗收日報表

品名規格	數量	單位	單價	金額	備註	分發		
						倉庫	廚房	雜項
合計								

○○大飯店　驗收日報表　廠商名稱：＿＿＿＿＿＿＿＿　年　月　日

二、餐飲驗收的方法

有些餐飲物料用品可藉經驗目視驗收，但有些生產設備則需藉特殊儀器進行測試，始能確定其性能優劣。由於餐飲業所需物料、備品、設備之性質均不同，因此所採用的驗收方法也不能一成不變。茲就現代餐飲採購驗收的方法說明如下：

(一)一般驗收

另稱「目視驗收」，係指採購驗收物品可藉一般度量衡器具及驗收員經驗，依採購合約規定的品名、數量、規格等予以秤量或點數者稱之，此乃當今餐飲採購最廣為人所採用的驗收方法。其優點為省時省力、迅速確實，不過較容易受到驗收員個人操守及主觀因素之影響，因此驗收員之遴聘須特別注意其誠信操守及敬業態度。

(二)技術驗收

是指採購驗收物品之特性難以借重一般目視及經驗判斷，而需透過專業技術人員以特殊儀器設備來作技術性的快篩鑑定者。例如：請檢驗公司來檢驗乾燥玫瑰花是否含DDT、牛肉是否含瘦肉精、貢丸是否含硼砂，以及水果甜度測試等均屬之。此驗收方法的優點為較客觀，有科學數據可供參考；其缺點為較費時費力，且驗收成本較高。

(三)試驗驗收

是指採購物品除了需要借重一般驗收方法檢驗外，尚須就其特殊規格與性能，再作技術性之安裝測試，或須專家進一步複驗始能完成鑑定者稱之。此驗收方法之優點乃採購品質較有保障；其缺點為檢驗及試用時間較長，須視實際狀況而定，因此最費時費力，如旅館餐廳中央空調之採購案即是例（圖14-4）。

(四)抽樣驗收

當採購驗收物品的數量過於龐大（如生鮮蔬果）而無法逐一檢驗點

圖14-4　餐廳燈具及電源的採購，需採試驗驗收

數；或者是當某些物品如罐裝或瓶裝食品，一經拆封試用即無法恢復原狀者，凡此物品之檢驗均採隨機抽樣方式來辦理驗收。此方法之優點為最省時省力，迅速便捷；缺點為所抽取的樣本數未必可代表母群體全部採購品的品質。

(五)其他驗收

如發票驗收、進貨憑證驗收。

三、餐飲驗收作業應注意事項

(一)一般餐飲驗收作業要點

1.驗收人員須指定專人負責，無論是專職或兼職的驗收人員，絕對避免採購與驗收為同一人，以免滋生弊端。

2.驗收員必須誠實機警，且對物料有專業素養與具驗收經驗。

3.驗收之程序務必根據訂購單之採購規格標準，針對發貨單內容依序逐項盤點各種物料數量，再檢查品質，最後才核對價格。關於採購價格的核對工作，驗收人員必須根據當初訂購單、廠商報價單以及發貨單等三項單據來加以核對，原則上此三項單據所載的價格應當

一樣,始為正確。

4.驗收無誤後,始可在發貨單上簽章,並儘速將送來的物料送到使用單位,或指定儲藏庫登錄造冊存放(**圖14-5**)。

5.儘量避免讓廠商直接逕行將貨品送到倉庫或廚房,以免影響廚房安全衛生,以及貨品物料於搬運過程中衍生 弊端。

6.數量清點時,應先將包裝拆掉,再清點數量、稱重量、驗品質。為防範不肖廠商欺瞞,每一箱均要抽驗,同時須注意箱子較下層的物品是否與上層貨品一致,以免廠商魚目混珠。

7.密封包裝物品須注意其保存期限及是否有破損,或擅自更改包裝與使用期限。

(二)餐飲食材驗收作業要點

1.生鮮食品、乳製品、海鮮、家禽及肉類的驗收,須在冷藏室或冷凍環境下點收。因為在室溫下,產品容易變質而孳生細菌。如生鮮肉品與海鮮食材應維持在4℃以下,凍結點以上之低溫環境下驗收。

2.冷凍食品驗收時須在-18℃的冷凍室進行,須有完整不透水的包裝,若發現產品包裝有破損變形或結冰晶現象時,則須退回,不得簽收。

圖14-5 物品驗收後儘速送到廚房

3.禽畜肉、海鮮類食材之驗收，須特別注意正常的色澤、氣味及肌肉質感之緊緻度與彈性。不得使用非法化學藥品浸泡，如過氧化氫（H_2O_2）。

4.乳製品須維持在4℃以下，凍結點以上之冷藏環境下進行驗收，以確保產品品質。

5.蛋製品驗收時須注意新鮮度、保存期限、外觀完整無破損，以及是否符合採購規格與包裝。

6.乾貨、雜貨及加工食品的驗收，須注意包裝、製造廠商、相關專業認證及有效期限等。

7.酒類、罐頭及飲料類須檢查是否有政府食罐字號，外觀是否生鏽、變形或凹陷，產品是否來自HCCP認證工廠。

8.包裝食品應有完善的中文標示；進口食材包裝須有外文及中文標識，同時須附進口來源批號、完稅證明及相關檢驗認證證明，如ISO等國際認證標識等。

學習評量

一、解釋名詞

1.驗收

2.委託檢驗

3.試驗驗收

4.抽樣驗收

二、問答題

1.試述驗收的意義及其種類。

2.餐飲物料驗收前的準備工作有哪些？試列舉其要簡述之。

3.餐飲驗收工作通常係根據哪些標準或文件來辦理是項工作？試申述之。

4.如果你是餐廳驗收人員，當你驗收完畢後，發現廠商所送達的物料有些不符合要求，請問你會如何處理。

5.餐飲採購驗收的方法有哪幾種？其中以哪一種最實用？試述之。

6.餐飲驗收作業為力求完善，在執行驗收作業時應當注意哪些事項？試述己見。

Chapter

15

餐飲倉儲作業

單元學習目標

- 瞭解餐飲業倉儲管理的目的
- 瞭解倉儲區設計的基本原則
- 瞭解乾貨儲藏庫與日用補給品儲藏庫之設置要領
- 瞭解各類食品正確的儲存方法與要領
- 瞭解各種酒類的儲存方法與要領
- 瞭解不當儲存所造成物料成本增加的原因
- 瞭解倉儲作業成本控制的要領

為確保足夠的食品原料及各項餐飲用品，以備不時之需，並予以有效保管與維護，以減少物料因腐敗或遭偷竊所受之損失降至最低程度，因此大型餐廳或飯店均有相當完備的倉儲設施。本章將分別就倉儲的意義、倉儲設施、各種食物之儲藏方法，以及倉儲成本控制作業等項目詳加闡釋，藉以建立正確倉儲管理之概念。

第一節　倉儲管理的目的

所謂「倉儲」，就是將各項物料依其本身性質之不同，分別予以妥善儲存於倉庫中，以保存足夠物料以供銷售，並可在某項食品物料最低價時，予以適時購入儲存，藉以降低生產成本。此外，妥善的儲存更可使餐飲物料用品免於不必要的損失，此乃倉儲的意義。

一、現代倉儲管理的目的

現代餐飲業均設有完善倉儲管理設施，其主要目的為：

(一)確保倉儲物料的品質與安全

現代倉儲管理能有效維護物料庫存的安全，使其不受任何損害，因此倉庫設計上必須要注意防火、防濕、防盜等措施，並加強盤存檢查，以防短缺、腐敗之發生。

(二)提高倉儲作業服務品質與效率

現代倉儲管理重視庫房設計，倉庫應有適當空間，以利物品搬運進出。儲藏物架之設計須注意人體工程學，最高不可超過2公尺。

(三)提供實際物料品質特性配合採購作業

有些物料如在儲存期間發生品質變化，可隨時提供作為下次採購改進之參考。

(四)可避免資金閒置與物料損耗

有效的倉儲管理，能發揮物料庫存管制之功能，以減少生產成本。如縮短儲存期，可降低資金凍結，減少殘呆料之損失。

(五)可加速存貨週轉率，提高投資率

良好的倉儲管理可改善倉儲空間，加速存貨週轉率，以提高投資率，使倉庫之利用發揮最大效果。

二、中央倉儲

現代大規模連鎖經營之餐廳，為求大量採購與集中儲存，對於倉儲作業均逐漸走向中央集權的管理方式，如物流中心之設置即是例，因為物料集中儲存管理較之分散化管理為優。茲將其優點分述於後：

1.集中儲存，節省空間（**圖15-1**）。
2.集中作業，可減少分散工作之重複，減少用人成本，有利分工。
3.便於集中檢驗及盤存之控制。
4.物料儲存集中，可以互通有無。

圖15-1　中央倉儲可集中儲存，節省空間

5.監督方便，可增進管理效率，且便於興革。

不過，中央集權式倉儲管理往往因為儲存物太多，或是設置地點不當，容易造成許多不便而影響生產效率。所以在倉庫管理之措施上，應考慮餐飲業本身營業性質、銷售量大小，以及儲存物特性來決定是否採用集中化，絕不可誤以為中央集權式倉庫即為現代倉儲管理之萬靈丹，設置與否，端視本身實際需要而定。

第二節　倉儲區的規劃與設計

倉儲區的規劃，首先應考慮其建倉庫之目的與用途；其次考慮應該設置於何處，最後再選擇適當理想之倉儲設備，如儲存物架、冷凍冷藏設備等問題。

一、倉庫設計的基本原則

倉庫設計應遵循的基本原則，主要有下列幾項：

1.首先確定建倉庫之目的與用途，分別作不同之設計，並估計其預期之效果。
2.選擇倉庫場地，必須先排除各種不利因素，配合將來發展之設計。最理想的倉儲地點，宜在靠近驗收處又鄰近食物調理區或操作區。
3.適當規劃倉庫之布置與儲存物架排列，必須考慮到儲存物料的種類與數量，能適應新型機械搬運設備之操作。
4.注意溫度與濕度的恆溫控制，乾貨倉庫溫度以16～21℃，相對濕度以50～60%為宜；冷藏庫須在7℃以下，凍結點以上；冷凍庫在-18℃以下。
5.注意物料之進出與搬運作業之動線規劃，便於物料收發、儲存及控制。
6.考慮使用單位之需求，並加以妥善分類存放（**圖15-2**）。

圖15-2　倉儲設計須考量使用單位的需求，妥善分類存放

二、倉儲設施之規劃

現代化倉儲設施種類很多，但具有代表性者不外乎乾貨儲藏庫、日用補給品儲藏庫及冷凍冷藏庫。茲分述如下：

(一)乾貨儲藏庫

乾貨儲藏庫設計時，應考慮下列幾項原則：

1.儲藏庫必須要具備防範老鼠、蟑螂、蒼蠅等設施。

2.餐廳或廚房之水管或蒸氣管線路避免穿越此區域。若是無法避免，則必須施以絕緣處理，務使該管路不會漏水及散熱。

3.倉庫一般高度以4～7呎（120～210公分）之間為標準。

4.乾貨儲藏庫須設有各式存放棚架，如不鏽鋼棚架或網架。所有儲存物品不可直接放置地板上，各種存物架之底層距地面至少8吋高，約20公分高。

5.各種儲藏庫面積之大小，乃視餐飲業本身採購政策、餐廳菜單以及物品運送補給時間長短等因素來作決定。

6.乾貨儲藏量最好以四至七天為標準庫存量，因倉庫太大或庫存量過多，不但造成浪費，且易形成資金閒置與增加管理困難。根據統計分析，每月倉庫耗損費用約為儲藏物品總值的0.5%，其中包含利息、運費、食品損失等項在內。

7.經常使用之庫存品其擺放高度宜特別注意，一般而言以距離地面高約28～56吋（70～140公分）之間為最理想。

8.重量較重之貨物應擺在接近入口處之下層棚架上。

(二)日用補給品儲藏庫

目前連鎖或獨立餐廳，對於文具、清潔用品、餐具、飾物之需求量相當大，通常基於安全與衛生之考量，將這些日用補給品另設置一儲藏庫加以分類儲存，以免一時疏忽，誤用肥皂粉、清潔劑、殺蟲劑或其他酷似食品之化學藥劑。同時將食物與日用品分開保存，也可預防因化學藥品之汙染導致食品變質。

日用補給品儲藏庫之面積最少要40平方呎，最大面積則須視企業營運或餐廳供食餐份數量多寡而定，即每百份餐食需1平方呎之儲藏面積，不過這也只是僅供參考而已，大部分仍須視實際業務需要與所需日用品款式而定。舉例來說，若是餐點外帶餐廳（Take-Out Restaurant）或汽車餐廳（Drive-In Restaurant），則所需紙質材料或貨品數量，會較諸其他類型服務的餐廳要消耗得多，當然此類餐廳的補給品倉庫所需面積也就要更大一些了（圖15-3）。

(三)冷凍冷藏庫

冷凍冷藏庫的種類很多，其類別及選用時應注意事項，說明如下：

◆冷凍冷藏庫的種類

1.走入式冷凍冷藏庫（Walk-in Refrigerator）：是所有廚房冷藏設備中最大的，又稱「大型冷凍冷藏室」，其空間如同倉庫，可以直接將整個貨櫃置放於內，使用方便且富彈性，深受各大飯店餐廳採用。

2.手入式冷凍冷藏庫（Reach-in Refrigerator）：其大小適合人手伸入取

圖15-3　得來速免下車服務餐廳是一種外帶餐廳，其所需的紙質包裝量較一般餐廳為多

置物品，庫內設有一具風扇藉以攪拌室內空氣，使冷氣可以對流，以達冷藏之效果。

3.推入式冷凍冷藏庫（Roll-in Refrigerator）：其特色是可將裝滿食物的手推車直接連同車與食品一起推入庫中冷藏。

4.雙面傳遞式冷藏庫（Pass-through Refrigerator）：大部分設置在餐廳與供食區之中間位置，作為隔間設施，同時可提供顧客迅速便捷之服務。

5.櫃檯式冷藏櫃（Counter Refrigerator）：可供陳列展示餐飲產品或食材，以供顧客選用（**圖15-4**）。

◆**選擇冷凍冷藏設施須考慮的因素**

1.考慮餐廳菜單所需食物數量及標準儲存量大小，決定選購冷凍冷藏庫之大小。

2.冷凍冷藏庫之性能以操作簡單、方便、選擇性大及適用性高為原則。

3.須以省電、售後服務良好、零件補給充裕及價格合理為要件。

圖15-4　日式料理所採用的櫃檯式冷藏櫃

4.設置冷凍冷藏庫之場地不宜過大，避免浪費空間。

5.建築冷凍設備經費低廉，維護費也較少。

6.冷凍冷藏力要強，冷藏效果大為佳。

7.須有溫度及濕度指示器、電源指示燈、安全鎖及示警鈴等配件，以確保冷凍冷藏庫之安全。

三、倉庫儲物架之設計

倉儲區儲物架的設計，除考慮材質結構外，尚須考量工作人員搬運清點的便利性與安全性。分述如下：

1.在國外儲物架最上層之高度不可超過76吋（約190公分），大部分均在72吋（約180公分）以下，在我國倉庫棚架平均高度約2公尺（**圖15-5**）。

2.儲物架之深度至少45公分寬，上下層間隔距離至少38公分。此高度適宜放置一般物品。

圖15-5　存放架

3.棚架底層與上層間隔若有90公分高，則適宜儲放大型湯桶或大袋包裝之食品原料，如砂糖、麵粉或馬鈴薯。同時也方便倉庫搬運人員裝卸貨品，不必彎腰操作。

4.倉庫儲存架可裝置腳輪，不但搬運方便且易於移動清洗。

5.儲存棚架若高於視平線，每層台面最好使用鐵網型之開放棚架，同時網架宜朝前微傾斜，以利尋找及搬運。

6.經常使用之庫存品其擺放高度，以距離地面約70～140公分高最為理想；至於較重之貨物應擺在接近入口處之下層棚架上。

7.為便於通風，儲物架距牆面宜保持5公分之間距。

第三節　食品及飲料的儲存方法

　　餐廳食品儲存的主要目的就是要保存足夠數量，以備不時之需，但因食品原料易受微生物、溫度、水分等因素影響而變質或腐敗，因此需採用低溫、乾燥或醃漬等方法來保存食物。茲將食品及飲料的儲存方法，摘述如後：

一、食品類

(一)肉類的儲存

　　肉和內臟應先清洗，瀝乾水分，然後裝於清潔塑膠袋，放在冷凍庫內，但也不要儲放太久。若要碎肉，則應將整塊肉清洗瀝乾後再絞，視需要分裝於清潔塑膠袋內，放在冷凍庫；若置於冷藏庫，其時間最好不要超過二十四小時，解凍過之食品，不宜再冷凍儲存。餐廳常見的肉品保存期限如**表15-1**。

(二)魚類的儲存

　　魚類應先除去鱗、鰓、內臟，沖洗清潔，瀝乾水分，再以清潔塑膠袋套好，放入冷凍庫內，但不宜儲放太久。魚類真空包裝以一至三個月為原則。

表15-1　肉品保存期限建議表

肉品名稱	冷藏（2～4℃）	冷凍（-18℃以下）
生鮮豬排、豬肉	3～5天	4～6個月
生鮮牛排、牛肉	3～5天	6～12個月
生鮮羊排、羊肉	3～5天	6～9個月
生鮮小牛肉	3～4天	4～6個月
漢堡肉、絞肉	1～2天	3～4個月
碎牛肉、羊肉	3～5天	4～6個月
生鮮豬肉香腸	1～2天	1～2個月
乾式豬肉香腸	2～3星期	1～2個月
燻火腿	1星期	1～2個月
火腿片	3～4天	1～2個月
培根	7天	1個月
熱狗（未開封）	2星期	1～2個月
熱狗（已開封）	1星期	1～2個月

資料來源：http://sh1.yahoo.edyna.com/blackbridge/faq.asp

(三)乳製品的儲存

1. 罐裝奶粉、煉乳和保久乳類，應存於陰涼、乾燥、無日光或其他光源直接照射的地方。
2. 發酵乳、調味乳和乳酪類，應存於冰箱冷藏室中，溫度在5℃以下。
3. 冰淇淋類應儲於冰箱冷凍庫中，溫度在-18℃以下。
4. 乳製品極易腐敗，因此應儘快飲用，如瓶裝乳最好一次用完。

(四)蔬果類的儲存

1. 先除去敗葉、塵土或外皮汙物，唯避免先洗淨再保存，否則不能久存。儘量保持乾淨，用紙袋或多孔的塑膠袋套好，放在冰箱下層或陰涼處，趁新鮮食之，儲存愈久，營養損失愈多，冷藏溫度以5～7℃為宜。
2. 冷凍蔬菜可按包裝上的說明使用，不用時儲存於冰箱；已解凍者，不宜再冷凍。
3. 水果去果皮或切開後，應立即食用，若發現品質不良，應即停用。
4. 水果打汁，維生素容易被氧化，故應儘快飲用。

(五)穀物類的儲存

1. 放在密閉、乾燥容器內,並置於陰涼處。
2. 勿存放太久或存放於潮濕之處,以免蟲害及發霉。
3. 生薯類先去塵土及汙物,用紙袋或多孔的塑膠帶套好,再存放在陰涼處。

(六)蛋、豆類的儲存

1. 蛋儲存前應先擦拭外殼,蛋的鈍端有氣室,儲存時須使鈍端向上,再儲存於溼度75%、溫度0～5℃之冷藏庫中(**圖15-6**)。此外,由於蛋易吸取異味,宜單獨儲存,或避免與有特殊異味物料,如蔥、蒜等儲放一起。
2. 豆類、乾豆類略為清理再保存;青豆類應清洗後瀝乾,放在清潔乾燥容器內。豆腐、豆干類先用冷開水清洗後瀝乾,放入冰箱下層冷藏,並應儘早用完。

(七)油脂類的儲存

1. 宜置放陰涼處,避免陽光照射。

圖15-6　蛋儲存時鈍端向上,並注意溫度與濕度,以防變質

2.開封後,應將瓶蓋蓋好,以防昆蟲或異物進入,並應儘快用完;此外,不要儲存太久,若發現變質,應即停用。

(八)乾貨、辛香料、罐頭食品的儲存

1.宜存放在乾燥、陰涼、通風處,但不要儲存太久(**圖15-7**)。
2.要分類儲存,先購入者先使用。
3.時常擦拭,因其外表若灰塵太多、濕氣太重,易長霉或生鏽、腐敗。
4.不可儲存於冷凍庫中,因冷凍庫內-18℃的強冷會將食物凍結成海綿狀,此時物料品質將會改變。

(九)醃製品的儲存

1.儲存於乾燥陰涼通風處或冰箱內,但不要儲存太久,應儘快用完。
2.開封後如發現變色、變味或組織改變者,應即停用。
3.先購入者置於上層,方便取用,同時也可避免蟲蟻、蟑螂、老鼠咬咀。

圖15-7　罐頭食品須儲存於乾燥、陰涼及通風之處

二、冷凍食品類

餐飲業者為節省人力物力，近年來對於冷凍加工成品或半成品之採購量不斷與日俱增，且已逐漸成為未來餐飲營運的發展趨勢。茲就冷凍食品儲存應注意事項摘述於後：

1. 原料食品冷凍速度愈快愈好，急速冷凍的溫度為-40℃，可避免食物內部冰結霜晶顆粒，可儲存較久且不易變質。
2. 冷凍儲存溫度應確保置於-18℃以下（華氏約0℉）的冷凍庫內。
3. 任何冷凍儲存食品，務必包裝完善或在冷凍食品容器上加蓋，以免食品脫水或變味。
4. 定期檢查記錄冷凍庫之溫度，每間儲藏室須設有溫度計及警示器，並且經常注意除霜，以免影響冷凍效果。
5. 避免經常進出或開啟冷凍庫，以免影響冷凍效果、浪費電力。
6. 冷凍食品進出，必須堅守「先進先出法」原則，亦即先入庫物料，須先發放出去，以免儲存時間太久而影響品質。

三、飲料類

(一)一般飲料的儲存

1. 儲放在乾燥通風陰涼處或冰箱內，避免受潮及陽光照射。
2. 不要儲存過多或太久，依保存期限，先後使用。
3. 拆封後儘快用完，若發現品質不良，應即停用。
4. 無論是新鮮果汁或罐裝果汁，打開後儘快一次用完，未能用完，應予加蓋，存於冰箱中，以減少氧化損失。

(二)酒類的儲存

儲存酒類應遵循下列幾個原則：

1. 酒類儲存時應置於陰涼處，避免陽光照射。
2. 密封裝箱後應避免經常搬動，以免經常震盪喪失原味。

3.嚴禁與有特殊氣味的東西併放，以免遭受汙染。

4.標籤瓶蓋力求保持完好。

5.啤酒是唯一愈新鮮愈好的酒類，不宜久藏。罐裝啤酒在室內可保持三個月，若是在冷藏庫下，可保存四個月，保存最佳溫度為6～10℃；如果是生啤酒，其保存溫度應該維持在2～4℃之間。至於歐美的啤酒因酒精量較少，在溫度5℃以下可保存兩星期，不過若是瓶裝啤酒，在冷藏庫可保存半年。

6.啤酒冷藏後，取出放置一段時間，應避免再度放入冰箱，以免溫差反覆冷熱而發生混濁或沉澱等變質現象。

7.烈酒如威士忌、白蘭地、高粱酒等蒸餾酒，因酒精濃度較高，保存期限也較久，但必須避免陽光直射及受潮。此外，啟封打開過的酒，因空氣已進入瓶內須儘快使用完，否則容易變質。

8.葡萄酒之儲存環境如酒窖，通常須有恆溫自動控制其酒窖的溫度與溼度，以免因倉儲環境不良而變質。一般而言，葡萄酒庫儲藏室溫宜維持在7～21℃之間。此外，葡萄酒儲存時，儘量傾斜存放（**圖15-8**），務使瓶內軟木塞能被葡萄酒浸泡濕潤為原則，以免軟木塞乾裂空氣流入而變質。

圖15-8　葡萄酒儲存時，須傾斜存放

第四節　倉儲作業須知

為儲存保管足夠食品物料以供銷售，因此餐飲業均設有冷凍冷藏及各項儲藏設備，但仍有食物因儲存不當或倉儲作業之缺失而遭到無謂的重大損失。茲將一般倉儲作業應注意事項分述於後：

一、倉儲物料成本增加的原因

由於倉儲作業不當，造成物料成本增加的原因，有下列幾項：

1. 儲藏空間溫度溼度不當：通常冷藏溫度為7℃以下、冷凍庫溫度為-18℃以下、急速冷凍溫度則為-40℃以下。

2. 儲藏的時間太久：未採「先進先出法」，如將食物大量的堆存，當需要時由外面取用，因此使某些物品因堆存太久以致變質。

3. 儲藏堆塞過緊：空氣不流通，致使物品損壞。

4. 儲藏食物未作適當分類：有些食品本身氣味外洩，若與其他食物堆放一起，易使其他食物變質，例如將食物與魚類或乳酪放在一起，或太接近而受異味薰染。

5. 缺乏清潔措施：如未能定期清潔整理，致使食物損壞。

6. 延誤儲存時間：食物購進後，應即時將易腐爛之食物分別予以冷藏或冷凍。如魚肉、蔬菜、罐頭食品等，應先處理魚肉，其次蔬菜，最後罐頭食品，以免延誤時間，致使食物損壞。

7. 缺乏專人管理：如未能每天檢查庫存，且未詳加記錄存貨流通週轉率及安全庫存量。

8. 未能落實物料驗收入庫的作業原則：如登帳、編號、分類，未能依生鮮食品、乾貨、日用品等先後順序入庫儲存。

二、倉儲作業成本控制的方法

為有效控制倉儲作業成本，務須注意下列事項：

(一)倉儲作業須由專人負責

倉儲作業須由專人負責倉儲區的清潔維護管理，以及物料進出之管制；如採購品入庫記錄、庫存品發放登記等，均須委由專人負責；唯採購、驗收及付款不可委由同一人負責，以免滋生弊端。

(二)貨品分類，定期清理

庫存品應分類存放，並詳加建檔、登入卡片記錄；常用物品應置於明顯方便取用之處；易造成汙染的物品，如油脂、醬油等物料應置於較低的地方存放；倉儲區應定期盤點清理以確保清潔。

(三)倉儲區應鋪設棧板與置物架

庫存品無論食品、原料性質如何，絕不可直接放置在地上，可置放於事先規劃好的棧板或置物架上儲存備用。貨品存放應排列整齊，且不可太擁擠，以便空氣流通（**圖15-9**）。

圖15-9　倉儲區應鋪設棧板與置物架，以利通風及搬運

(四)倉儲區須有完善的環境與設施

倉儲區不論採光、通風照明或清潔衛生均應特別講究,不但採光通風要好,且要有防範病媒入侵之安全衛生設施。此外,倉儲區應有良好空調與冷藏冷凍設施,以確保理想儲存溫度與溼度,例如乾貨儲藏室其室內溫度不宜超過28℃,相對濕度應維持在50～60%之間。

(五)倉儲區物料管理須有完善的記錄與統計報表

1. 任何入庫的物料均須有物料的「身分證」,即帳卡,以利帳務處理與成本控制。
2. 定期盤點存貨,作成盤點報告及盤點差異報告,以供作為公司物料成本控制之依據。
3. 須定期統計各項物料遺失率及破損率。通常遺失率在標準使用量的0.5～1%為可接受範圍;至於破損率則為3～5%之間,依物品性質而異,如玻璃、陶瓷類其破損率則較高。

學習評量

一、解釋名詞

　　1.倉儲

　　2.中央倉儲

　　3.先進先出法

　　4.遺失率

　　5.破損率

　　6.相對溼度

二、問答題

　　1.現代倉儲管理的主要目的為何？試述之。

　　2.現代連鎖經營的餐飲業，其倉儲作業的管理漸漸朝向哪種方式？為什麼？

　　3.倉庫設計的基本原則有哪些？試述之。

　　4.餐飲業乾貨儲藏庫在設計規劃時，應該考慮到哪些原則？試申述之。

　　5.餐廳肉類成本所占比率甚高，因此須特別注意其儲存方式以免變質，你認為廚房肉類儲存時，須注意哪些事項？

　　6.新鮮蔬果食材已漸漸成為餐飲物料之大宗，唯耗損率高，你知道該如何儲藏始能減少耗損嗎？

　　7.冷凍食品已漸受餐飲業所重視，如果你是餐廳負責人，你會如何有效率地管理是項物料的儲藏作業呢？試述己見。

　　8.倉儲成本控制應注意的事項有哪些？試述之。

Chapter 16

餐飲發放作業

單元學習目標

- 瞭解發放的意義與重要性
- 瞭解餐飲庫存品發放作業的流程
- 瞭解餐飲庫存品發放作業的要領
- 瞭解餐飲庫存品發放與成本控制的關係
- 培養良好倉儲發放管理的能力

現代化的餐飲業,為求有效控制生產成本,所有採購入庫之物料,如食品、原料、日用品及各類乾貨,均依物料本身性質,分別儲存於冷凍冷藏庫、乾貨儲藏室或日用品存放室。凡物料出庫,必須依規定提出物料申請單由各單位主管簽章,並根據庫房負責人簽章之出庫傳票出庫,每天分類統計,記載於庫存品帳內,每日清點核對庫存量,以確實掌握物品之發放,藉以作為餐飲成本控制之資料。

第一節　發放的意義與重要性

由於物料之發放,才造成庫存量之需求,復因庫存量之有無,而影響到是否須採購與驗收,所以說採購、驗收、儲存及發放此四項作業,事實上是整體的採購循環,其中任何一個環節的缺失,都將影響到整個餐飲成本控制之成敗。

一、發放的意義

所謂「發放」,係指透過既定作業程序,迅速將庫藏物料適時、適量提撥給公司生產或使用單位,以強化餐飲產銷營運能力的一種過程。茲就發放的意義分別從下列兩方面來探討:

(一)積極上的意義

發放係使庫藏品能依產銷運作需求,適時、適量地迅速供應,以提高餐飲產銷營運能力,適時滿足餐飲顧客之需求。

(二)消極上的意義

發放乃在管制庫存量,防止庫藏品之浮濫提領或盜領,並有效掌控物料的流向,使物料進出得以有效追蹤管制,進而建立良好成本控制概念。

二、發放的重要性

倉儲發放管理,近年來備受餐飲業者所重視,其原因有下列幾點:

(一)可防範庫存品之流失與浪費

　　庫藏與發放乃一體之兩面，表面上其性質雖異，但實質上其作用是相同的，均係為妥善保護庫藏品免於無謂浪費。健全的倉儲發放作業，可完全管制庫存品免於浮濫使用之缺失。

(二)可防範庫存品之損壞或敗壞

　　倉儲發放作業一般均係採先進先出原則（First In First Out, FIFO）之存貨轉換法，期使先購物品先發放使用，以免庫藏時間過久而損壞（**圖16-1**）。

(三)有效控制庫存量，減少生產成本

　　發放管理能確實控制庫存量，使庫存品經常保持基本存量，不但可避免累積陳舊腐敗之弊，更可避免公司大量資金之閒置。

圖16-1　倉儲發放作業應採先進先出法，以免庫藏太久而敗壞

(四)有利於瞭解餐飲業各有關部門之生產效率與工作概況

公司管理部可從物料進出帳卡中，來瞭解各單位對庫存品的領用情形，並可分析各單位每日物料消耗量之多寡，進而計算出其生產成本及存貨週轉率，可發揮監督功能，減少物料耗損，增加生產利潤。

採購達人

存貨週轉率

存貨週轉率（Inventory Turnover），是指在某一會計期限，倉庫發貨量或銷貨成本，與平均盤存量或平均存貨成本的比率。該比率的大小，可瞭解餐飲企業倉儲物料的週轉速度，並可作為檢驗庫存量是否適切的判斷依據，其計算公式為：

$$存貨週轉率 = \frac{發貨量（銷貨成本）}{平均盤存量（平均存貨成本）} \times 100\%$$

註：
1. 平均存貨量＝（期初存貨＋期末存貨）÷2
2. 發貨量（銷貨成本）＝期初存貨＋本月進貨－期末存貨

第二節　發放作業須知

餐飲業有健全的發放作業不但可提高銷售能力，更可降低直接成本，增進營運收入；反之，若發放作業處理不當，不但物無法盡其用，貨也難暢其流，結果不但造成生財器皿折舊率加遽惡化，且庫藏品也將因而大量流失浪費，即使餐飲銷售業績再好，終將虧損累累。

一、庫存品發放作業流程

　　庫存品發放作業均須依一定程序辦理，茲將餐飲業庫存品的發放作業流程（**圖16-2**）列於後：

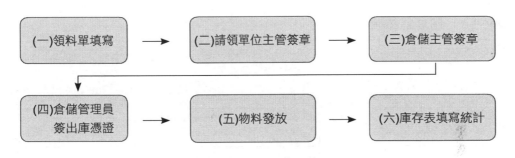

圖16-2　庫存品發放作業流程

1. 領料單之填寫：由使用單位人員提出所需提領之物料申請單，依規定格式詳細填寫並簽名。
2. 請領單位主管簽章：領料單由申請人填妥後，須先送所屬單位主管簽章核可。
3. 倉儲主管簽章：申請單位主管簽章後，再將此領料單送交倉儲單位主管審核無誤後轉交倉儲管理員如數核發。若沒有主管審核簽章，任何物料均不得發出，萬一倉庫無法供應某物料，則應在該物料名稱旁加註「缺貨」字樣。
4. 物料發放：倉儲管理員根據核可之領料單開立出庫憑證，如數發貨。
5. 庫存表之填寫：倉儲管理員根據出貨憑單每日統計並填寫庫存日報表，且於每月定期或不定期盤存，並製作月報表存核。

二、發放作業應注意事項

　　餐廳庫房為求有效管理物料的進出帳目，須確實掌握餐飲企業各項財物用品，因此在執行發放作業時，必須注意下列幾點：

1.自庫房提領任何物料，必須先由使用單位，如廚房、餐廳或酒吧等提出領料單申請（**表16-1**、**表16-2**）。

2.簽發出庫傳票必須有各負責主管簽名或蓋章，若無主管簽章之領料單則不許出貨，務必嚴加控管查核無誤，始准發放。

表16-1　領料單範例

○○大飯店
餐飲物料請領單

請領單位：＿＿＿＿＿＿＿＿＿＿＿　　　　　　　　　日期＿＿＿年＿＿＿月＿＿＿日

物料編號	品名	單位	請領數量	實發數量	單價	金額	備註

財務部	倉庫管理	請領單位主管	請領人

表16-2　請料單範例

○○大飯店
物品請領單

請領單位：＿＿＿＿＿＿＿＿＿＿＿　　　　　　　　　日期＿＿＿年＿＿＿月＿＿＿日

物料編號	品名	規格	單位	請領數量	實發數量	單價	金額	請領原因				備註
								新領	銷售	遺失	損耗	

財務部	倉庫管理	請領單位主管	請領人

圖16-3　發放力求迅速簡便，以達餐廳快速生產銷售需求

3. 發放程序應力求迅速簡便，以達餐飲業快速生產銷售需求（**圖16-3**）。

4. 領料申請單位應提前一天申領物料，以便倉庫員工有充裕時間備料，以免浪費或延誤作業時間。

5. 領料時間應明確規範，最好每天上、下午各有兩小時固定時間發料，以利管制。

6. 發給廚房之物料，只發每日的需要量，尤其是較昂貴的食材原料。

7. 乾貨存庫量，以四至七天為安全庫存量。

8. 每日應分別依各單位提領的物料分類統計。

9. 月終應依據當月之領料申請，實施倉庫盤存清點。通常每月一次，也可不定期實施盤存清點，以杜絕浪費等流弊。

10. 定期盤點法其成本計算公式如下：

 公式

餐飲材料成本＝期初存貨＋本月進貨－期末存貨

說明：本月進貨係指使用單位本身該月份直接進貨量，以及來自其他單位或倉庫撥入材料量之總數。

餐飲 採 購 學
──管理、實務與成本控制

學習評量

一、解釋名詞

1.發放
2.採購循環
3.FIFO
4.定期盤點法

二、問答題

1.何謂「發放」？其重要性如何？試述之。

2.目前餐飲業庫存品的發放作業均設有一定的程序，你知道嗎？請想一想。

3.如果你是倉儲主管，為求確實掌控庫存品的進出帳目，在執行此倉儲發放作業時，你會如何處理？試申述自己的看法。

4.何謂「定期盤點法」？如何運用此方法來計算餐飲材料成本呢？試述之。

Chapter

17

餐飲物料管理

單元學習目標

- 瞭解物料管理的意義與範圍
- 瞭解物料用品及消耗品管理的步驟
- 瞭解餐飲物料不同的分類方式
- 瞭解ABC物料價值分析法的意義
- 瞭解物料編號的原則與方法
- 瞭解物料用品及消耗品管理辦法
- 瞭解物料盤點的目的與方法
- 培養餐飲物料成本控制的管理能力

　　餐飲企業在生產製備、營運管理以及銷售服務等各方面所需的物品相當多，除了少部分為非消耗品外，其餘大部分均屬消耗品，且各類用品耐用期限也不一。因此在管理上如果沒有周詳的科學化管理，極容易浮濫浪費、毀損或失竊。此無形中的耗損，若不加以防範，日積月累下來，所浪費的資金將甚可觀；反之，如果將物料管理工作做好，除了可降低營運成本與費用耗損外，使餐飲物料能以更合理的價錢與方法，適時供應各單位所需，此乃餐飲物料管理的真諦。

第一節　物料管理的意義與範圍

一、物料管理的意義

　　所謂「物料管理」，係指運用現代科學管理的方法，確保餐飲營運所需的各種物料，能適時、適量、適質、適價地依成本控制作業程序，提供企業各相關部門生產製備、營運管理、銷售服務所需的各種物料；同時經由科學化的物料管理系統，也能進一步防範物料在整個營運過程中人為因素的浪費、耗損與遭竊。易言之，「物料管理」是一種提升餐飲服務品質與提高營運效率的重要管理手段，也是餐飲業降低營運成本、創造利潤的最有效方法。

二、物料管理的範圍

　　現代餐飲業的物料管理應是全面性、綜合性的工作，物料管制部門必須隨時與生產、銷售、財務與管理等部門，密切協調合作，針對物料管理範圍嚴加監控，始能發揮物料管理的功能。其主要範圍臚列於後：

　　1.餐飲產品銷售預測。
　　2.物料採購驗收。
　　3.物料倉儲管理。
　　4.物料收發管理。
　　5.物料的切割加工（**圖17-1**）。

圖17-1　食材的切割加工也是物料管理的範圍

6.食品的生產製備。

7.呆廢料的預防與處理。

8.產品的品質管制。

9.餐飲的銷售服務。

10.物料的盤點。

　　綜上所述，吾人得知，現代餐飲企業的物料管理工作，係始自產品銷售預測，從銷售量預估即開始進行物料管制工作，然後才透過採購、驗收、儲存、發放、生產製備、產品品管、銷售服務及最後關卡的庫存物料盤點。易言之，餐飲物料管理係一系列的管理程序，由於其遺漏點多且環環相扣，故任何環節的疏忽，均足以影響企業營運及物料成本的耗損與浪費，身為餐飲管理者尤應特別注意。

第二節　物料的分類管理

　　餐飲物料用品及消耗品的管理，最重要的是先核定需要量，再將這些用品予以分類編號管制，同時研訂各種物料的管理辦法。其步驟分述如下：

一、核定需要量

　　餐飲業部門對於所需物料及備品，應根據其工作性質與特性，由公司訂定標準使用量，再由物料管理部門協同相關人員來綜合評定核發實際需要量（圖17-2），以適時適量供應營運所需要的各種物質。一方面可避免浮濫浪費，以利成本控管；另一方面可協助生產與銷售單位順利推展其業務，以提供客人最優質的服務，獲取良好的營運成果。

二、物料的分類

　　為便於管理，餐飲物料的分類主要有四種方式，係分別依據消耗程度、營業用途、物料特性及物料價值來分類，以便於制定各種物料消耗定額，編製物料目錄，以達成本控制及計畫管理之目標。

(一)依消耗程度而分

◆消耗性物品

　　餐飲物品當中以消耗性物品之種類與數量為最多，這些物品的管理也最繁瑣，由於這些消耗性物品的數量甚為龐大，且占餐飲總成本的比率一半以上，如果管理疏忽不當，則將影響整個餐飲營運的成敗。關於這些物

圖17-2　核定需要量可避免浮濫浪費，以利成本控管

品應先予以詳加核定需要量，再分類及編號管制，並依各物品性質訂定消耗定額、破損率、遺失率及補充量等管理要點，應嚴加盤點管制，以避免無謂的耗損及浪費。

　　餐飲消耗性物品當中，以食品原料、雜貨類、布巾、文具紙張及衛生用品等日常用品類之消耗量最為龐大（**圖17-3**），其次為水電能源燃料類及糧油酒水類，因此管理者對上述物品的監控，尤應特別注意。

◆非消耗性物品

　　餐飲非消耗性物品大部分係屬於資本門財產，如生財器皿、生產器具與設備，以及營業與辦公用設備等均是例。

　　凡此非消耗性物品也須予以分類編號，並於財產清冊中標明進貨日期與使用年限，分別加以造冊列管。

　　對於此類非消耗性物品，應責求有關單位經常注意保養維護，並針對保養情況施以定期及不定期檢查。如果平常檢查發現需維修者，零星維修可由財產保管單位逕行隨時維修以利正常運作，如果修理範圍太大且難度高，無法自行修理者，財產保管單位或使用單位應填具財產請修單報請核准，再依財產購置程序辦理送修作業。

　　財產管理單位對所經管的物品，若有遺失、損毀或未達使用年限即不

圖17-3　餐廳布巾為消耗品，盤碟等生財器皿為非消耗品

堪使用者,除了因災害或不可抗力原因經查屬實外,應即查明追究責任,並依規定議處或賠償。

(二)依營業用途而分

◆用品類

供應用品包括衛生用品、化妝用品,以及文具紙張等用品,如信封、信紙、便條紙等。

◆布巾類

餐巾、檯布、毛巾等物品,其耐用年限平均約在半年到一年之間為多,不過如果購進時布質良好,再加上洗滌方法正確,則布巾壽命或其耐用年限將可相對提高,而不一定是半年,也許可延長耐用年限達一年以上。如檯布、餐巾可耐洗約150次。

◆用具類

最常見的是文書資料夾、帳單夾、花瓶、檯燈、清潔工具、調味罐、開瓶器、不鏽鋼器皿及玻璃杯皿等均屬之。

◆餐具類

餐具係指餐廳內外場所需的餐刀、餐叉、餐匙,以及廚房所需的菜刀、小刀、片刀、碗、盤、盆、模具、鍋具與各種手工具等(圖17-4、圖17-5)。

◆原料類

原料係指餐廳營運所需的各種肉類、海鮮、乳製品、蔬果、調味料、辛香料、罐頭食品及各種酒水飲料等生產製備所需物料而言。

◆水電及燃料類

餐廳最重要的生產動力,乃水電、瓦斯、柴油或汽油等燃料,如鍋爐、電梯、中央空調均需大量水電燃料。

◆維修器材類

餐廳各種電器材料、水電零件材料及五金工具等均屬之。

圖17-4　餐廳器皿

圖17-5　廚房刀具

(三)依物料特性而分

1.日常生活用品類：如文具紙張、衛生用品、布巾等。

2.食品雜貨類：如主料、配料、調味料、辛香料、乾貨等。

3.糧油酒水類：如油、米、飲料、酒類、茶水等。

4.能源燃料類：如瓦斯、水電、天然氣、汽油、柴油等。

5.機電產品類：音響、冷氣、電機、烹調設備等。

6.土木金屬材料類：如五金材料、水電、土木、修繕工具器材耗料等。

(四)依物料價值而分

為有效加強存貨的管理，餐飲業針對物料的價值程度加以分類分別管制。通常採用ABC物料價值分析法來分類，將物料分成A類、B類與C類等三種。分述如下：

◆A類物料

所謂「A類物料」，係指此類物料占每年進貨金額百分比最大，其單位成本很高，且數量不多的存貨。關於此類物料須視需要少量進貨，只須維持最低庫存量即可，且要定期訂貨，嚴格管制出貨，以防缺貨。例如食品原料中的魚翅、魚子醬（**圖17-6**）、鮑魚等即是例。

圖17-6　魚子醬此A類物料只須維持最低庫存量

◆**B類物料**

所謂「B類物料」，係指此類物料存貨金額與數量占整個進貨成本相當比例。關於此類物料可隨時調整庫存量，以應實際需求。

◆**C類物料**

所謂「C類物料」，係指物料存貨為數甚大，但所占金額小，如各種調味料、零星備品等即是例。關於此類物料可維持較大的庫存量，一次大量進貨，以降低採購成本，同時當存貨量降至某一數量時，即需要加以補充。

三、物料編號的原則與方法

所謂「物料編號」，係以簡短的文字、符號、數字或號碼來代表物料之品名、規格或類別，及其他有關事項的一種管理方法。物料編號的主要目的，乃在使繁雜眾多的物料領發、驗收、請購、盤點、儲存、登錄及記帳等工作能省時省力，迅速有效的處理，且可減少舞弊事件發生，以達物料管理之效。

(一)物料編號的原則

餐飲物料種類繁多,性質互異,為增進物料登錄控制的方便性、時效性與正確性,在進行物料編號時應注意下列幾項原則:

◆ **簡單性**

物料編號之主要目的,乃在省時省力,因此要儘量簡單,易懂、易記。

◆ **完整性**

務使每一種類物料均有編號。

◆ **專屬性**

務使每一個編號僅代表某項物料。

◆ **擴展性**

務使將來物料擴展及產品規格增加時有彈性預留空間。

◆ **組織性**

務使物料編號有系統、有邏輯順序,以利建檔或使用帳卡處理。

◆ **象徵性**

務使物料編號代表物料某些特性。

◆ **操作性**

務使物料編號能適應電子計算機處理,或事務性機器處理。

(二)物料編號的方法

物料編號的方法可分為下列幾種:

◆ **數字順序編號法**

此方法係依數字序數排列,由1、2、3……一直往下編,這是一種流水式的編號法,如發票號碼、帳號編號均是例。

◆ **數字分段法**

此方法與前面「數字順序編號法」類似,唯一不同點,乃將數字分

段，每一段各代表某類物料的特性，如12-1、12-2等等。

◆分組編號法

此方法係將材料的特性分成幾個部分，再以幾個數字組來代表。如01代表肉類、02代表乾貨類、03代表海鮮類等。此方法使用較普遍。

◆實際意義編號法

此方法係在編號時，以數字與文字組合，作部分或全部編號，藉以代表物料的內容、特性或尺寸規格。此方法的特點，是由編號即可瞭解材料的內容或屬性，且易記。因為此編號大部分係以該材料英文第一個字母或縮寫來代表，因此辨別較方便，也較容易記憶，一般餐廳使用此方法最多，如ve代表蔬菜、fr代表水果等（**圖17-7**）。

◆最後數字編號法

此方法係以編號最後的數字，對同類材料予以進一步的加以細分時所使用的編號法。如345-1、345-2等。

四、訂定物料用品、消耗品管理辦法

餐飲業使用的日用品消耗品很多，由於物品體積小，易失竊或遺失。此外各類用品耐用期限也不一，因此在財物管理上如果沒有周詳的科學化

圖17-7　蔬菜代號ve，水果代號為fr

管理方法，勢必會造成物料管理上的困擾。所以目前國內外大型企業化經營的連鎖或獨立餐廳，均訂有一套消耗品及用品破損補充之管理方法，明確規定各類物料用品的標準消耗定額、標準使用量、破損率、遺失率及耐用年限等管理要點。

(一)標準消耗定額

所謂「物料標準消耗定額」，係指在規定的標準作業技術條件下，為完成某項工作或產品，所必須消耗的物料數量標準，此物料標準消耗定額不僅是成本控制的重要工具，也是餐飲業物料供應計畫的基礎。其制定的方法有下列三種：

◆經驗估計法

係以有關人員的經驗和資料為依據，經過評估預測所制定的物料消耗定額。此方法簡便易行，但欠精確。

◆統計分析法

係根據以往實際物料消耗的歷史資料，再加以進行統計分析評估而得的消耗定額。此方法簡單易行，但也欠精確。

◆技術分析法

係根據實地觀察測定資料，或透過最新科技計算確定的物料消耗定額標準。此方法最為精確，但工作量大，且費時費力。

以上三種方法當中以技術分析法最為精確，不過由於需要實際觀測，工作量大且費時、費力，而經驗估計法與統計分析法，則相對地顯得簡單易行，容易掌控，不過精確度較差。至於物料消耗定額在實際工作上應用時，應當將此三種方法適當地綜合應用，如此才能訂定出合情合理，為員工所樂於接受的標準消耗定額。

由於物料用品類別不同，性質互異，因此不同類別的物料，其用品消耗定額也不盡相同，這一點須特別注意。事實上，一般在實際運作時，係依食品原料類、調味料、供應用品、燃料以及動力工具等五大類來分別制定標準的消耗定額。

(二)標準使用量

所謂「標準使用量」，係指在標準作業技術條件下，為完成一定的接待服務任務，並確保業務營運不間斷地運作，所必須的最經濟合理的物料用品使用數量標準，又稱物料標準儲備定額。例如某餐廳有餐桌20張，每張餐桌至少要準備3條檯布，1條在使用中，1條在送洗中，另1條則放在布巾室備用，那餐廳檯布至少要有60條才夠用。易言之，該餐廳檯布標準使用量為60條。

(三)破損率

餐飲業為嚴格掌控管制成本，對於物料用品或消耗品均分別就各類物料訂有破損率賠償辦法。一般而言，陶瓷器皿破損率每年為2～3％；玻璃器皿約4～5％（**圖17-8**）。如果在規定許可範圍內，則只要繳回舊品更換新品即可；反之，若超過許可破損範圍，則要負擔部分賠償金額。不過必須特別注意的是，無論破損率是在許可範圍內或超過許可範圍，均應繳回舊品或廢品，如果無廢品時，即使在許可範圍內也要負責賠償部分金額。至於超過許可範圍又無廢品交回時，則將被要求全額賠償，這種規定的主要目的，乃在防範消耗品用料之浪費與盜用。

圖17-8　餐廳的用品及器皿均訂有破損率及遺失率，以利控制成本

(四)遺失率

餐飲業很多用品或器皿，如菜單、酒杯、刀叉或銀器等物品，由於體積小又精緻美觀，因此許多顧客常常私下帶回去留作紀念。關於此部分用

品，業者均訂有某限度之遺失率，通常為標準使用量的0.5～1%為可接受範圍，如果遺失率訂得太高，則會造成管理上的漏洞，屆時不僅顧客會攜帶回去，甚至連自己員工也會順手牽羊，因此遺失率不宜超過此1%之上限。

 第三節　物料盤點作業要領

物料盤點的意義，主要是為使餐飲業各種物料的庫存量，能經常保持適當的數量與品質水準，以便適時供應企業各部門營運之需。本節將就餐飲物料盤點的目的與方法，及有關問題分述如下：

一、物料盤點的目的

餐飲物料盤點的主要目的為：

(一)確保餐飲物料質量以利適時供應

物料盤點能主動掌控庫存量，瞭解各單位庫存品狀況，俾使企業能依營運計畫順利運作，適時供應各部門所需物科。

(二)避免庫存量過多或過少所造成的損失

餐飲存貨和應收帳款是同樣性質，屬於流動資產，如果庫存量太多，會造成資金囤積、孳息損失外，也會造成管理費及損耗率增加。反之，若庫存量不足，則無法適時供應餐飲營運之需求或貽誤商業契機。

(三)物料盤點乃現代餐飲企業成本計算最簡單而有效的方法

餐廳管理者透過物料盤點，能瞭解餐廳營運物料實際成本支出費用的多寡，進而可核算出餐飲營運的毛利與利潤。

(四)物料盤點可避免物料之耗損與呆料的發生

物料盤點可防止物料因人為疏失所造成的變質、霉爛或呆料之損失，同時也可防範物料之失竊與私用，減少舞弊事件之發生（**圖17-9**）。

圖17-9　物料盤點可避免物料耗損與呆料的發生

二、物料盤點的方法

物料盤點的方法有下列數種，分述如下：

(一)依實施時間而分

◆定期盤點法

所謂「定期盤點法」，係指以固定的時間如每日、一週或一個月，對庫房存貨進行盤點，以瞭解實際庫存情形，並作為核算該期物料成本之依據，也可作為物料請購之參考。

通常一般觀光旅館餐飲部或大型餐廳除了生鮮食材、蔬果外，一般物料是以一個月為單位，分上下旬作兩次盤點，但至少每個月要進行一次盤點，以避免物料閒置或變質浪費，並可利用盤點清潔庫房，確保衛生。至於小型餐廳因量少，每週盤點一次即可。

定期盤點法是餐飲成本計算法中，最基本而簡單的有效方法，也是目前最受人歡迎且廣為普遍使用的一種方法。其成本計算方法前已介紹，不再贅述。

◆不定期盤點法

所謂「不定期盤點法」，係指餐飲管理者、物料管制單位或會計稽核等部門人員，為落實餐飲物料管理，瞭解各部門有關物料管制的情形，及對所屬部門人員之日常考評，通常會採取這種不定期盤點方式來作抽查，以實際瞭解平常庫存量管理情形，以減少人為弊端，發揮庫房物料管理的功效。

(二)依實施方式而分

◆全面性盤點

所謂「全面性盤點」，係指餐飲物料管理者，根據庫房物料財產清冊、物品收發報表及庫存量帳卡，逐項加以清點盤存，並逐筆予以詳細登錄在物品盤存表上，以供成本控制及相關管理部門參考。

◆抽樣性盤點

所謂「抽樣性盤點」，通常係在餐飲物料中篩選出20種主要材料作為抽樣盤存對象，而不像前述「全面性盤點」將庫存每類物料均加以詳細盤點查核。因此較省時、省力，不必耗費太多人力、物力，即可達到物料管制之效。

三、物料盤點應注意的事項

1. 物料盤點應注意品名、數量、廠牌、規格、價格及進貨入庫的時間。
2. 未經驗收核章之物品，不得存放於物品儲藏處所。
3. 消耗性與非消耗性物品，應分別設置收發分類帳，個別盤點。
4. 損壞之物品如尚有使用價值者，宜修復利用，不得棄置。
5. 盤點物品，應將盈虧數量列入物品收發月報表及物品盤存表（**表17-1**、**表17-2**），由保管人員及盤點稽核相關人員簽證會章以示負責。
6. 盤點物品如有短缺、損毀或舞弊情事，應儘速查明原因，並追究相關人員的責任，依情節輕重，責令賠償或依法議處。

表17-1　物品收發月報表

〇〇大飯店
物品收發月報表
_____ 年 _____ 月份　　　　　　　　_____ 年 _____ 月 _____ 日

品名	單位	上月結存	本月收入	本月發出	本月結存	存量帳值	備註

單位主管：_____　覆核：_____　製表或倉儲人員：_____

表17-2　物品盤存表

〇〇大飯店
物品盤存表
_____ 年 _____ 月份　　　　　　　_____ 年 _____ 月 _____ 日

編號	名稱	單位	上月盤存	本月購進	本月領用	本月盤存	備註

單位主管：_____　倉儲主管：_____　倉儲人員：_____　製表人：_____

學習評量

一、解釋名詞

1. 物料管理
2. 消耗性物品
3. 非消耗性物品
4. ABC物料價值分析法
5. 物料編號
6. 標準消耗定額

二、問答題

1. 餐飲物料管理的範圍有哪些？你知道嗎？
2. 餐飲業所需的物品甚多，若依其消耗程度分，可分為哪幾類？試舉例說明之。
3. 餐飲業物料種類繁雜，為求有效加強存貨管理，你認為餐飲物料的分類方法中，採用哪一種分類法效益較好？為什麼？
4. 為求有效加強庫存物料的管理，你認為庫存物料編號時，應注意哪些原則。
5. 目前餐飲業制定物料標準消耗定額的方法有哪幾種？你認為哪一種最好？並請說明理由。
6. 餐飲物料盤點的方法有哪幾種？其中以哪幾種方式最方便有效？試述之。
7. 你認為餐飲物料盤點時，須注意的事項有哪些？試述之。

Chapter

18

餐飲採購成本控制

單元學習目標

- 瞭解餐飲成本控制的意義與重要性
- 瞭解餐飲成本控制的方法與步驟
- 瞭解餐飲物料成本偏高的可能性原因
- 瞭解有效防範餐飲成本偏高之因應措施
- 培養餐飲成本控制的管理能力

　　餐飲成本可分直接與間接成本兩大類，其中以前者的食材‧物料、設備等採購成本為最大宗，約占50％以上。如何有效控制此直接成本，已成為今日競爭激烈的餐飲業極為重要的課題，因此採購成本乃餐飲成本控制的首要環節。

第一節　餐飲採購成本控制的意義

　　餐飲採購成本控制並非僅是針對採購進貨價格的控制，尚包含品質、數量、付款結算等系列環節的管制。茲就採購成本控制的意義與重要性，分述如後：

一、餐飲採購成本控制的意義

　　所謂「餐飲採購成本控制」，係指為確保餐飲業營運所需的物料，用品、設備以及各項生財器具，能以最合理的價格，適質、適量、適時地供應，使採購成本最低化，營運利潤與工作效率最大化，此為餐飲採購成本控制的真諦。

二、餐飲採購成本控制的重要性

　　餐飲採購採購物料成本之高低，攸關餐飲業營運成本與利潤，同時也會影響企業在市場上的競爭力，分述如下：

(一)採購成本控制是一前瞻性事前控制

1.採購成本控制為餐飲食品成本控制的第一步（**圖18-1**），也是最為重要的環節，可避免資金成本的浪費與損失。
2.經由採購作業程序的控管，可發現不當成本支出的漏洞，而能及時修正防堵。

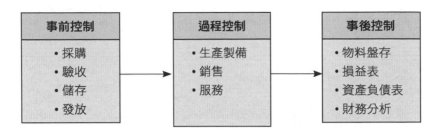

圖18-1 餐飲食品成本控制流程圖

(二)採購成本控制能確保物料品質標準化

1. 良好的採購成本控制不僅可防範成本漏失，且能以較低的價格買到較高品質的材料。
2. 有效率的採購作業能依採購規格標準來選擇理想供應商，以確保物料品質的穩定性與一致性（**圖18-2**）。

(三)採購成本控制能提升餐飲企業形象

1. 餐飲採購成本控制能提升企業營運效率及餐飲市場的產品競爭力，有助於餐飲企業形象的建立。
2. 有效率的採購成本控制，須仰賴健全的企業內部管理機制與各部門

圖18-2 有效率的採購作業能確保物料品質的一致性

之協調合作，具有提升組織內部凝聚力，強化員工工作士氣，進而
塑造出企業的優越獨特形象。

(四)採購成本控制能改善企業組織管理體系

1.採購管理循環自請購、訂貨、交貨驗收、入庫倉儲，一直到結算付
款，整個採購過程涉及使用單位、採購單位、驗收單位、財務及會
計等部門。經由組織內部各部門的溝通協調與相互配合，始能順暢
運作。

2.有效的採購成本控制除了內部管控稽核外，更須有良好的外部情資
與廠商配合，為達上述組織運作效能，有賴於不斷改善企業本身管
理體系。

第二節　餐飲採購成本控制的方法

採購成本控制係針對採購物料成本的限制與控管，期使整個採購作業
流程能在預定的標準下順利運作達到企業管理目標，而其間所採用的控管
方法很多，說明如下：

一、訂定合理的採購程序

(一)採購作業程序須有控管的機能

通常採購作業所涉及的相關部門，如申購單位、訂購單位、驗收單位
此三部門的權責必須劃分清楚，不宜由同一人兼辦，以免產生弊端。

(二)採購作業程序須講究效率

1.任何採購案務必事先多加溝通協調，除了避免發生因溝通不良而產
生錯誤的採購外，更可提升採購工作效率，增進組織內部和諧的工
作氣氛。

2.採購作業固然要講究時效，但更要避免「臨時採購」、「緊急採

購」。由於此類採購案因事出突然，時間緊迫，而無法事先詢價或找供應商議價，因而僅能依照請購單位所指定的廠商與價格來採購，此時最容易產生弊端，務必要嚴加控管追蹤。

二、訂定採購規格標準

(一)採購規格標準的意義

1. 採購規格（Purchase Specification）是一種書面格式化的品質規格標準，詳載物料的成分、尺寸、形狀、色澤、厚度、整修、用途、等級及產地等特質標準，或所需之條件，如產出率、淨料率、包裝型態、運送方式及儲存溫度等各種品質條件。

2. 採購規格通常是由使用單位、採購單位及相關單位的主管，依餐飲營運目標來共同訂定的一種制式化文件，藉以明確規範所需物料、器皿或設備之品質條件標準。一般而言，可分為主要規格與次要規格，前者係指採購物料型式、成分、尺寸、用途及等級等品質之標準規範；至於次要規格係指前述品質規範的補充說明，如包裝、儲藏溫度及運送方式。

3. 採購規格標準並無一定的標準格式，端視餐飲企業本身之需求以及物料種類而定（**表18-1**、**表18-2**）。

表18-1　牛排採購規格範例　　　　　　　　　　　　　編號：010

項目	說明	圖片
品名	沙朗牛排（Sirloin Steak）	
等級	特選級（High Choice）	
產地	美國	
用途	煎烤	
重量	200克	
產出率	93%	
包裝	每片分別真空包裝，24片一箱	
運送方式	以冷藏（2℃～4℃）方式運送	
保存期限	4～7天	
備註	驗收後立即入庫冷藏	

表18-2　酒類採購規格範例　　　　　　　　　　　　　　　編號：021

項目	說明	圖片
品名	白蘭地（Brandy）	
等級	XO級	
產地	法國干邑（Cognac）	
用途	酒吧指定品牌純飲	
品牌	軒尼詩（Hennessy）	
容量	700ml	
酒精濃度	40%	
包裝	玻璃瓶裝	
運送方式	室溫運送	
備註	驗收後直撥酒庫	

(二)採購規格標準的功能

1.採購規格標準是一種確保物料質量的基準，為餐飲品質與成本控制的重要指標，也是物料採購與驗收的主要依據。

2.採購規格是一種有效率的溝通及品質控管工具，便於餐飲企業採購作業內外溝通及作為成本控制的利器。

三、訂定最適當的採購數量

(一)餐飲採購量的計算方式

1.一搬物料：運用訂購點制來採購，其公式如下：

公式

訂購量＝每日需求量×購備時間＋安全存量

2.生鮮食品：每日採購一次或上、下午各一次，其公式如下：

公式

採購量＝銷售需求量－現有庫存量

3.南北什貨：每日採購一至二次，採購量視庫存量多寡而定。

4.一般用品：大型餐廳以定期訂購方式，每月採購一次。

(二)採購數量決定須考慮的因素

1.餐飲業所需的生鮮食品，由於容易變質或腐敗，因此最好每次採購量須依據當天需求量來決定。例如有部分餐飲業者，每天分別以上、下午各一次來進貨，以確保食材之新鮮度。

2.一般乾貨、日用品等較不易腐敗的物料，則採用訂購點法、定期訂貨法或依標準存量來進貨。唯須考量避免存貨過多而影響資金的週轉，或品質變質，或徒增儲存成本費用等問題。

四、落實驗收控管

(一)驗收作業標準依據

驗收作業須根據訂購單、送貨單、發票或採購合約等文件資料所列的內容項目，詳加檢驗，若有不符合規格者，一律退貨並要求補貨

(二)驗收作業的執行

驗收作業為餐飲成本控制之第二大環節，它扮演著內部控管的稽核角色，為確保餐飲品質及物料管理作業之完美無缺，務必要依照驗收標準作業之規範，予以確實執行，藉以保障物料品質，防範魚目混珠之驗收漏洞，以達餐飲成本控制之目的。

第三節　餐飲成本控制的步驟

餐飲成本控制的主要目的，乃在使餐飲業有限的資源能在最經濟有效的運用下，提供顧客最高品質的服務，進而獲取最大合理的利潤，達到企業預期的營運目標。本單元將分別就餐飲成本控制的範圍、原則及其步驟，加以摘介。

一、餐飲成本控制的範圍

餐飲成本控制的主要範疇計有：物料成本、薪資成本及費用成本三大類，說明如下：

(一)物料成本

係指餐飲產品製備與服務所需的各種材料成本，又稱為「直接成本」（圖18-3），例如各種食物成本、飲料成本及所需各項備品成本。

(二)薪資成本

又稱為「人事成本」或「勞務成本」，係指餐飲企業所需支付的人事費用，如員工薪津、健保費、勞保費、退休金、加班費、員工餐費、紅利、福利及教育訓練等各項成本。

(三)費用成本

係指餐飲生產、銷售及營運管理所需支付的勞務、原料等費用外之其他雜支或行政管理費用。例如水電費、營業稅、租金、利息、設備折舊及保險等。

圖18-3 物料成本又稱直接成本所占比率最高

綜上所述,餐飲成本控制的三大範圍,事實上,涵蓋整個餐飲企業營運作業每一環節,由於餐飲作業自採購、驗收、儲存、發放、製備、服務、銷售與結帳等業務均相當繁雜且重要,若未能加以合理規劃事先控制,勢必弊端叢生而招致虧損。因此,如何有效管理控制成本,乃刻不容緩,當務之急。

二、餐飲成本控制的基本原則

餐飲成本控制的基本原則有下列幾項:

(一)須有適當的成本記錄

餐飲管理者在進行成本控制前,必須事先蒐集餐飲同業或公司內有關部門餐飲營運支出的各項報表、單據,如採購進貨單、銷貨憑證、帳單等資料,藉以分析規劃理想標準餐飲成本。

(二)須以成本產生部門為控制對象

成本控制最主要的是強調事前的控制,因此須以成本產生的部門為控制對象,否則等到成本失控發生問題,再來控制已事過境遷,徒勞無功。

(三)須有明確之餐飲組織規章

餐飲管理者在進行成本控制前,必須先將營運工作之權責劃分清楚,以確認成本產生部門,始能有效授權並督導考核。

(四)須有標準參模作為成本控制的工具

餐飲成本控制是一種對餐飲企業營運成本的規定與限制,因此必須有「標準參模」,如標準成本、預算或規則,可用來作為進行成本控制之工具或依據,否則將無客觀的評核標準,則此欠缺參模對照之餐飲成本控制,當然也就失去其意義了。

三、餐飲成本控制的基本步驟

餐飲成本控制的程序，可分為下列四個基本步驟：

(一)建立成本標準

所謂「建立成本標準」，就是事先規範限制各項餐飲成本支出的比例。一般而言，菜單食物成本約占餐食售價三至四成，飲料成本約占一至二成，至於薪資成本約占三成左右。

(二)記錄實際營運成本

餐飲營運所發生的各項費用支出，如採購物料單據、進貨單，以及各項支出憑證的費用金額，均須詳加記錄並建檔存查，以便與原訂的成本標準對照比較，藉以掌握整個餐飲作業流程，並可協助管理者即時發現營運缺失，而立即修正改善。

(三)對照與評估

根據各項餐飲實際營運成本與事先所建立的成本標準加以對照比較。一般而言，實際營運成本可能會高於或低於所建立的標準成本，此時管理者必須針對此現象進行差異分析探討原因：

◆實際成本高於標準成本時

其原因可能有下列幾點：

1.操作不當。
2.物料浪費。
3.餐份不均。
4.現金短缺。
5.員工偷竊。
6.進價偏高。
7.物價上漲。
8.設備陳舊。

◆**實際成本低於標準成本時**

其原因可能有下列幾點：

1.操作熟練。
2.標準分量（**圖18-4**）。
3.標準作業。
4.管理良好。
5.服務良好。
6.進價合理。
7.物價下跌。
8.設備新穎。

(四)修正回饋

有效的控制必須能儘早察覺問題，防患未然，及時改進不當缺失或弊端。至於績效的回饋也必須迅速回饋給員工，尤其是原先所設定的標準較高時，將績效回饋給員工知道，遠比設定一個較易達成的標準，或僅要求他們盡力而為更為重要。

圖18-4　餐廳供食服務須嚴訂標準分量

第四節　餐飲成本控制課題探討

　　就餐飲成本的特性而言，可控成本所占比例較大如物料成本即是。此外，餐飲採購及產銷過程極其複雜，成本漏失多，本單元僅針對餐飲成本產生偏高的主要原因，如物料採購、驗收、倉儲、發放及生產製備等環節予以探討。

一、餐飲物料採購方面

(一)成本偏高的原因

　　1.採購量過多或未精算食材產出率、淨料率，以致成本太高。

　　2.欠缺完善詳細的採購規格。

　　3.欠缺市場詢價、比價的措施。

　　4.採購程序有瑕疵、權責不清。

　　5.與供應商關係欠佳，協調不夠。

　　6.採購人員與供應商勾結、循私。

(二)防範及因應措施

　　1.依實際需求量及庫存量訂貨，並考量毛料的淨料率高低來進貨。

　　2.依標準採購規格下訂單訂購。

　　3.須事先詢價、訪價並建立資料。

　　4.嚴訂採購程序，澈底執行控管。

　　5.加強與供應商之間的聯繫。

　　6.加強內部控管的稽核作業，如二次採購詢價，並落實採購人員的品
　　　德教育。

二、餐飲物料驗收方面

(一)成本偏高的原因

　　1.未落實驗收程序與方法，對於物料品質、數量、價格未能詳加查核

訂購單與送貨單是否符合。

2. 對於損壞物料,或數量不足,或未收到物料並沒有適當補償或進行退貨程序。

3. 驗收場地設施設備不完善,如空間照明不足、缺乏完備的驗收工具。

4. 沒有驗收紀錄及後續稽核措施。

5. 驗收時間太長,導致生鮮食品置於驗收區太久而變質(圖18-5)。

6. 驗收人員操守不良,如偷竊或與廠商勾結舞弊。

(二)防範及因應措施

1. 驗收工作須由專人聯合共同驗收,如使用單位、採購人員、財務單位,根據訂購單、送貨單、採購合約內容予以核對。

2. 依採購合約所列補償條款或驗收辦法來執行,並暫緩付款。

3. 加強驗收場所設備及工具,並改善照明及空間規劃,力求動線流程順暢。

4. 建立完善驗收紀錄與驗收報表,以供稽核控管進貨成本。

5. 生鮮食品必須在冷藏環境下驗收,並優先驗收入庫冷凍或冷藏,然

圖18-5　生鮮食品驗收時間太長或置於室溫下太久而變質,以致成本偏高

後再驗乾貨、備品等物料。

6.加強驗收人員的考評與品德教育，提升其操守與績效。

三、餐廳倉儲管理方面

(一)成本偏高的原因

1.物料入庫前未加以適當分類編號儲存，以致儲存位置不當而汙染物料品質。

2.儲藏區得溫度、濕度不當，以致物料變質。

3.儲藏區衛生環境不良，缺乏防範病媒之措施。

4.未能每天定期檢查、查核庫存量。

5.倉儲人員監守自盜或發生失竊情形。

(二)防範及因應措施

1.任何物料入庫前，須加以分類並編號控管；有特殊強烈味道的食物須特別包裝並分類儲存，以免影響其他物料。

2.冷凍溫度必須在-18℃以下，冷藏溫度以4℃為原則，室溫以22℃以下較理想，唯須視各類物料特性而定。

3.加強儲藏區通風設備、設置紗窗，防範蟑螂、老鼠等病媒入侵之設施。

4.須落實倉儲查核控制作業，並定期製作存貨週轉率紀錄及庫房報告表（**圖18-6**）。

5.實施定期與不定期存貨盤存措施，以加強控管。此外，庫房僅宜一人負責看管，下班前倉儲鑰匙須交回辦公室保管。

四、庫房物料發放方面

(一)成本偏高的原因

1.庫房出貨、缺貨欠缺核實控管。

2.物料發放未確實依照「先進先出法」的原則，導致存貨變質腐敗。

圖18-6　製作存貨週轉紀錄及庫房報告表，以落實倉儲查核控制作業

　　3.出貨時，未提醒使用單位該物料的價格，以致生產成本徒增。

(二)防範及因應措施

　　1.領料時須由單位主管簽章後，以領料單由庫房核實發貨，務必品名、數量要確實，並詳載於庫房出貨紀錄內。
　　2.倉儲人員除了必須每日巡查庫存品的數量外，更要注意物料的保存期限，積極通知使用單位來領料銷售。
　　3.使用單位領料時，必須適時提醒該物料的時價，期以正視製備成本與利潤。

五、廚房生產製備方面

(一)成本偏高的原因

　　1.材料清洗、切割等準備過程不當，而造成物料損失、成本增加。
　　2.未考量食材進貨成本，將高成本食材作為低價物料使用。
　　3.對於生鮮食材未考量其淨料成本及產出率。

圖18-7　食物製備過程疏失不當，易造成物料的損壞

4.食物製備過程疏失不當，而造成物料的損壞（**圖18-7**）。

5.菜餚的分量過多，造成物料成本增加。

(二)防範及因應措施

1.加強廚房人員的訓練，並購置性能較佳的設備或工具，以降低物料
　準備之耗損。

2.建立標準食譜與標準分量，並落實管考。

3.廚房物料要確實制定各項食材的淨料率及產出率，以利成本控管。

4.由主廚擬定標準食譜，依標準作業程序製備。

5.建立菜餚標準分量，據以執行控管。

學習評量

一、解釋名詞

1. 餐飲採購成本控制
2. 採購規格標準
3. 訂購量
4. 直接成本
5. 費用成本

二、問答題

1. 餐飲採購成本控制的意義何在？試述之。
2. 餐飲採購成本控制對於餐飲企業有何重要性？試述之。
3. 採購成本控制的方法有哪些？試列舉其要加以說明之。
4. 餐飲成本控制應遵循的基本原則有哪些？試述之。
5. 如有你是餐飲成本控制人員，當你發現餐飲實際成本高於標準成本時，你會如何來處理？試申述己見。
6. 假設你是餐廳財務部經理，請就倉儲部門產生成本過高的原因提出可行性的改善措施。

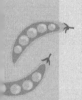

參考書目

一、中文部分

林芳儀譯（2013）。Andrew Hale Feinstein、John M. Stefanelli著。《餐飲採購學》。台
　　北：華泰文化公司。

高寶琪（2000）。《餐飲業採購實務》。台北：匯華圖書公司。

康耀鉎（1997）。《餐飲採購管理系統》。台北：品度公司。

陳哲次（2007）。《餐飲財務分析與成本控制》。新北市：揚智文化公司。

楊昭景、馮莉雅（2014）。《綠色飲食概論與設計》。新北市：揚智文化公司。

萬光玲（1998）。《餐飲成本控制》。台北：百通圖書公司。

葉彬（1985）。《企業採購》。台北：立學社圖書公司。

蔡榮章（1997）。《現代茶藝》。台北：中視文化公司。

蘇芳基（2013）。《餐飲服務技術》。新北市：揚智文化公司。

蘇芳基（2018）。《餐旅採購與成本控制》。新北市：揚智文化公司。

二、英文部分

Costas Katsigris, & Mary Porter (1983). *Pouring for Profit: A Guide to Bar and Beverage
　　Management*. John Wiley & Sons.

Gates June C. (1987). *Basic Foods*. Holt, Rinehart, & Winston.

Thorner, M. E., & P. B. Manning (1983). *Quality Control in Foodservice*. AVI Publishing Co.

餐飲旅館系列

餐飲採購學——管理、實務與成本控制

作　　者 / 蘇芳基
出　版　者 / 揚智文化事業股份有限公司
發　行　人 / 葉忠賢
總　編　輯 / 閻富萍
特約執編 / 鄭美珠
地　　址 / 22204 新北市深坑區北深路三段 258 號 8 樓
電　　話 / 02-8662-6826
傳　　真 / 02-2664-7633
網　　址 / http://www.ycrc.com.tw
 E-mail　/ service@ycrc.com.tw
 I S B N　/ 978-986-298-324-9
初版一刷 / 2019 年 6 月
定　　價 / 新台幣 450 元

國家圖書館出版品預行編目（CIP）資料

餐飲採購學：管理、實務與成本控制 / 蘇芳
基著. -- 初版. -- 新北市 ：揚智文化,
2019.06
面； 公分. --(餐飲旅館系列)

ISBN 978-986-298-324-9(平裝)

1.餐飲業管理 2.採購管理 3.成本控制

483.8   108009127